Osprey Military New Vanguard
オスプレイ・ミリタリー・シリーズ

世界の戦車イラストレイテッド
13

T-34/85中戦車 1944-1994

[著]
スティーヴン・ザロガ×ジム・キニア
[カラー・イラスト]
ピーター・サースン
[訳者]
高田裕久

T-34/85 MEDIUM TANK 1944-94

Text by
Steven Zaloga and Jim Kinnear

Colour Plates by
Peter Sarson

大日本絵画

目次 contents

- **3** 計画と開発 DESIGN AND DEVELOPMENT
- **8** 部隊配備と戦歴 OPERATIONAL HISTORY
- **13** 派生型 VARIANTS
- **16** 大戦後期の改良 LATE-WAR PRODUCTION IMPROVEMENTS
- **19** T-34/85の内部構造 INSIDE THE T-34-85
- **33** 戦後の改修 POST-WAR MODIFICATIONS
- **35** 後方支援用の派生型 TECHNICAL SUPPORT VARIANTS
- **36** 大戦後の戦争におけるT-34/85 T-34-85 IN POST-WAR COMBAT

- **25** カラー・イラスト
- **44** カラー・イラスト解説

◎著者紹介

スティーヴン(スティーヴ)・ザロガ Steven Zaloga
1952年生まれ。装甲車両の歴史を中心に、現代のミリタリー・テクノロジーを主題とした20冊以上の著作を発表。旧ソ連、東ヨーロッパ関係のAFV研究家として知られ、また、米国の装甲車両についても著作がある。米国コネチカット州に在住。

ジム・キニア Jim Kinnear
1959年グラスゴー生まれ、1982年アバディーン大学卒。ソ連およびロシアにおけるAFVの兵器システムと輸送用車両についての著作がある。1992年からロシアに在住。

ピーター・サースン Peter Sarson
世界でもっとも経験を積んだミリタリー・アーティストのひとりであり、英国オスプレイ社の出版物に数多くのイラストを発表。細部まで描かれた内部構造図は「世界の戦車イラストレイテッド」シリーズの特徴となっている。

T-34/85中戦車 1944-1994
T-34/85 MEDIUM TANK 1944-94

DESIGN AND DEVELOPMENT

計画と開発

　T-34/85は半世紀以上にわたって使用されている、たぐいまれなる兵器のひとつである(訳注1)。この戦車は1944年に実戦投入されて以来、地球上のあらゆる地域での戦闘に参加してきた。ヨーロッパ地域では、かなり以前に時代遅れの代物となっているが、第三世界で勃発した数々の紛争においては、高い信頼性を誇る有効な兵器であり、いまだに12カ国以上の軍隊で使用され続けている。

　本シリーズ第7巻「T-34/76中戦車 1941-1945」で述べたように、大祖国戦争(訳注2)の最初の2年間は、ソヴィエトの国防人民委員部(訳注3)は、T-34の設計局に対して基本設計の改良を認めなかった。「1両でも多くのT-34を」という前線の声に応えるためには、些細な設計変更すらも生産の障害となると判断され、スターリンが許可しなかったからである。かくして運用側がどれだけ望もうとも、赤軍が反攻に転じ、ドイツの進撃が止まる1942年の冬まで、T-34の改良は棚上げされた。

　1943年1月にレニングラード近郊で最初のドイツ重戦車であるティーガーIが捕獲されたとき、その装甲の厚さと主砲である8.8㎝戦車砲の恐るべき火力は、赤軍に強烈な衝撃を与えた。T-34の76㎜戦車砲でその装甲を撃ち抜くには、至近距離から側面、もしくは後面を狙うしかなかった。

　しかし、ティーガーIとの遭遇は1943年夏まで多くはなかったので、大部分の赤軍将兵にとってたいした関心事ではなかった。もちろん、こんな安穏とした日々は長くは続かず、ロシアの戦車兵たちは、1943年後半から多くの血の犠牲を強いられる羽目になるのだが。

T-34、T-43とT-44計画
T-34, T-43 & T-44 Projects

　T-34を代替、もしくは全面的に改修するという計画は以前から存在しており、1941年には、2種類の案が考慮されていた。T-34Mと車重を増したT-44である(著者注:1944年に登場するT-44とはまったくの別物である)しかし、T-34の改良を凍結する決定が、1941年後半に下されたために、両案とも具体化はしなかった。

　1942年6月になって、戦車生産が軌道に乗り、要求台数をこなせるようになったので、ようやく新しい戦車の開発が始まった。この戦車はT-43と呼ばれ、中戦車サイズの車格に、重戦車並みの厚い装甲を取り入れるという新しいカテゴリーである「汎用戦車」を目指していた。

　T-43と併行開発されていたのが、

訳注1:ロシアでの正式な表記は「T-34-85」である。

訳注2:ソ連では1941年から1945年までの独ソ戦および1945年の対日戦を総称してこのように呼ぶ。

訳注3:他国の国防省に相当する。

T-43の左側面図。
1/76スケール。(Author)

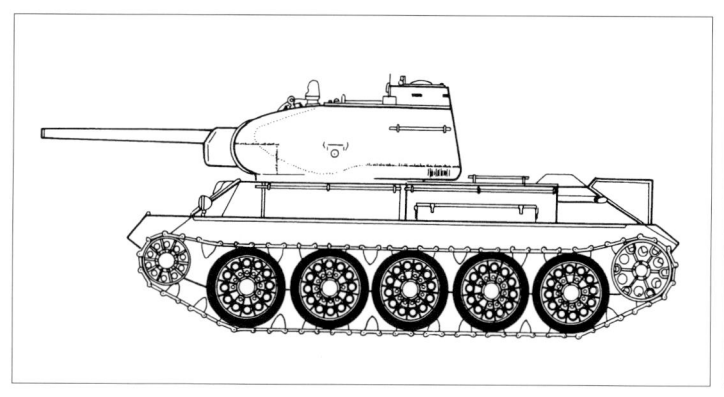

T-34を代替する最初の試みは、この写真右側のT-43汎用戦車であった。T-43はその構成部品の多くをT-34から流用していたが、より装甲の厚い戦車であった。ところが1943年になると、ソ連戦車に求められたのは重装甲ではなく、強力な火力になってしまい、結局、存在意義自体が陳腐化してしまった。

訳注4：重戦車設計局である第2特別設計局が開発した。本シリーズ第2巻「IS-2スターリン重戦車 1944-1973」を参照。

訳注5：クルスクの戦い。1943年2月の第二次ハリコフ攻防戦の結果、クルスクを中心とする大きな突出部が生まれた。ドイツは、この突出部の挟撃包囲に成功すれば130万人ものソ連の兵力と装備に大打撃を与えられるうえに、世界にドイツ軍の健在ぶりをアピールでき、同盟国の離反も防げるという政治的な理由もあって作戦を決断。作戦名称は「ツィタデレ（城壁）」と名付けられ、この突出部を南北から大兵力で包囲する計画であった。作戦は3月13日付で発令されたが、天候上の理由や新型装備の配備を待つうちにずるずると延期され、発動は7月5日となった。この間にソ連軍は防衛陣地を堅め、万全の体制でドイツ軍を待っており、作戦開始早々、ドイツ軍は激しい抵抗に遭遇した。7月11日には、プロホロフカ村近郊で第二次大戦で最大の戦車戦が行われ、約1000両の戦車が激突した。結局、連合軍がシチリアに上陸したこともあり、7月20日に、作戦は中止された。この作戦以後、ドイツ軍が東部戦線で、攻勢のイニシアチブをとることはなかった。

KV-13汎用戦車(訳注4)である。この戦車はT-34やその発展型であるT-43と競合可能にすべく、それまでの標準的なソ連重戦車よりも、大きさと重さを減らす試みであった。しかし、そもそもの汎用戦車の概念において、火力強化ではなく装甲が重要視されていたことが問題の原因であるのは、明白であった。

　T-43の試作車は1943年3月に性能審査を受けた。砲塔で90mm以上という厚い装甲だけでなく、ドイツ戦車の人員配置に倣って3人砲塔を採用したことは、大いなる前進であった。T-43は基本となったT-34 1943年型と、その構成部品の約70パーセントを共通化していた。主な変更点は車体デザインと新しいトーションバーサスペンションであった。軍をあげての性能審査は、春を通して行われた。

　1943年夏のクルスクの戦闘の時点で、赤軍戦車部隊は、実質的に前の夏から大差のないT-34 1943年型で編成されていた。この戦闘で、ドイツの新型戦車パンターとティーガーIに対して、T-34は最終的には勝利を納めることができた(訳注5)。これらの新しいドイツ戦車はT-34よりも車体が大きく、かつ重く、火力と装甲も遙かに強力であった。最大の問題点は、ドイツ戦車の強力な主砲はあらゆる射程距離からT-34を破壊することが可能なのに、T-34の主砲が、正面戦闘ではどちらの戦車に対しても、ほとんどダメージを与えられなかったことである。1943年8月までに、赤軍戦車部隊は「より長い腕」つまり、相手と互角に戦える新しい戦車砲を求めるようになった。以前の要求であった強力な装甲は忘れ去られ、かくして、

グラービンの85mm戦車砲S-53に問題があったため、T-34/85の最初の量産ロットに装備されたのは、1944年2月にゴーリキイで完成したペトロフの85mm戦車砲D-5Tであった。独特の円筒状砲身基部の防盾と、無線通信機がまだ車体に搭載されている点から、のちに生産されるT-34/85との識別は容易である。

下●第38独立戦車連隊は、新型戦車であるT-34/85を最初に受領した部隊のひとつである。このT-34/85は、1944年3月中旬のウマンスコ・ボトシャンスクイ作戦の最中に第53軍を支援する目的で配備された。同部隊には、OT-34火焔放射戦車も特別配備され、いずれの砲塔にも、伝説的なモスクワ大公ドミトリイ・ドンスコイの名前が書かれていた。高いアングルからの写真のおかげで、車長用キューポラは後の生産型よりも前方にあり、その直前に砲手用の間接照準器兼用ペリスコープがあるという、D-5Tを搭載したT-34/85の特徴が明白にわかる。

左頁下●V・グラービン技師が、自分の開発した85mm戦車砲S-53ならば、T-34 1943年型の砲塔に搭載可能と主張したため、1943年夏に数両の戦車を改造して実験が行われたが、結局、砲塔が小さ過ぎることが判明した。このT-34/85は、現在、ペルムに展示されているが、戦時中に試作後に再現されたものではなく、戦後の再現車両である。

T-43とKV-13汎用戦車は却下された。

オビーエクト135
Obiekt 135

　それまで、T-34に搭載する強力な新型戦車砲の開発は、高い優先度を与えられていなかったが、完全に無視されたわけでもなかった。1943年1月のティーガーI重戦車との最初の遭遇後、砲兵総局(GAU)は、複数の火砲設計局に戦車と自走砲用の新型85mm戦車砲の開発開始を要請していた。スヴェルドロフスク市の第9火砲工場内に置かれたF・ペトロフ技師の率いる設計局は、1943年6月に、85mm戦車砲D-5の試作型を完成させた。一方、対抗する設計局であるゴーリキイ市(現・ニジニイ・ノヴゴロド)の第92工場の中央火砲設計局(TsAKB、局長はV・グラービン)のG・セルゲイエフ技師の設計チームは、85mm戦車砲S-53を完成させた。

　両戦車砲は1943年7月に正式な競合審査を受け、採用されたのはペトロフ技師のD-5であった。D-5はT-34の砲塔に搭載するには大き過ぎたので、T-34を基本とした対戦車自走砲である「SU-85」と、新しい重戦車「IS」に装備することが決定された。

　グラービン設計局の砲は競合審査では負けたものの、砲兵総局がT-34 1943年型の砲塔に搭載可能な点に着目した。さっそく極少数のT-34が改修され、1943年の真夏にガラハヴェツ砲兵試験場で射撃試験が施された。試験の結果、やはりS-53戦車砲でも、T-34の既存の砲塔には大き過ぎることが明らかになった。砲尾に砲弾を装填するためのクリアランスが不足しており、弾薬収容場所も不十分だった。

　85mm戦車砲を搭載することによってT-34の攻撃力を強化するという研究は、クルスク戦の終了後には、非常に高い優先度を与えられた。同年夏の試験の結果から、T-34に85mm戦車砲を搭載するには、新設計の砲塔が必要であることが明らかであった。すでにD-5が

SU-85対戦車自走砲の主砲として、生産に入っていたにもかかわらず、グラービン技師はその政治手腕を使い、T-34の主砲として彼の設計局の85mm戦車砲を選ばせた。さらに彼は、計画を加速化するためと称し、ニジニイ・タギル市にあったアレクサンデル・モロゾフ技師のT-34総設計局(GKB-T-34)を、ゴーリキイ市のクラスナエ・ソルモヴォ工場(第112工場)へ移転するように提案した。この工場に移転してもらえれば、グラービンの設計局のすぐ近所になるからだ。

結果として、85mm砲を搭載するT-34の試作名称である「オビーエクト135」の開発は、ゴーリキイ市のクラスナエ・ソルモヴォ工場でV・クリイロフ技師が率いる小さな設計チームによって始められた。新しい砲塔の設計はV・ケリチェフ技師が担当し、T-43の砲塔を規範としたが、T-34の車体に適合するよう、数々の設計変更が加えられた。T-43も試験的に85mm戦車砲を搭載しており、この試作車は「T-43-85」と呼ばれている(訳注6)。この試作車があったおかげで、無改修のT-43の砲塔には、85mm砲を搭載するのは困難であることが明らかになったのである。

新型の砲塔は、ターレットリング位置より一段高いT-34の機関室上面との干渉を避けるために、砲塔下部に首(ネック)を追加する一方、砲塔上面レイアウトも再設計されて砲手用ハッチが設けられ、車長の位置も、85mm砲の後座スペースを十分に確保するため、それまでの後部中央から砲手の背後に移動させた(訳注7)。新型砲塔の設計は順調に進み、1943年秋には、S-53量産用決定図面の第1便がクラスナエ・ソルモヴォ工場に届けられた。公式文書によれば、グラービンの砲はあまりに大き過ぎるため俯仰角ともに不足しており、新型砲塔の武装としては不適当であると判断された。モスクワの中央機関は、グラービンに砲の再設計を命じた。

新型砲塔を載せたT-34の試作車「オビーエクト135」は、1943年11月に2両が完成し、性能審査を受けるべく、モスクワ近郊のクビンカ陸軍兵器試験場に送られた。審査は滞りなく進み、スターリンと国家防衛委員会(GKO)は、1943年12月15日に赤軍の制式装備としてオビーエクト135を採用し、「T-34/85」という新しい名称を与えたことになっている。しかし実際は、試作車が完成状態にはなかったため、性能審査も完璧ではなかった。にもかかわらず、スターリンは、戦車工業人民委員部に対し、1944年2月までにT-34/85の生産準備を完了するよう命令した。

T-34/85 1943年型
T-34-85 Model 1943

S-53は量産兵器として採用されたが、性能や信頼性を確認すべく、審査は継続していた。しかし、12月末の審査において、ある1門のS-53の駐退器に設計上の欠陥が見つかったために採用が取り消されてしまい、戦車工業界にとって大きな問題となった。すでに、いくつかの工場では新型砲と砲塔を製造するために、生産ラインを準備していたのである。

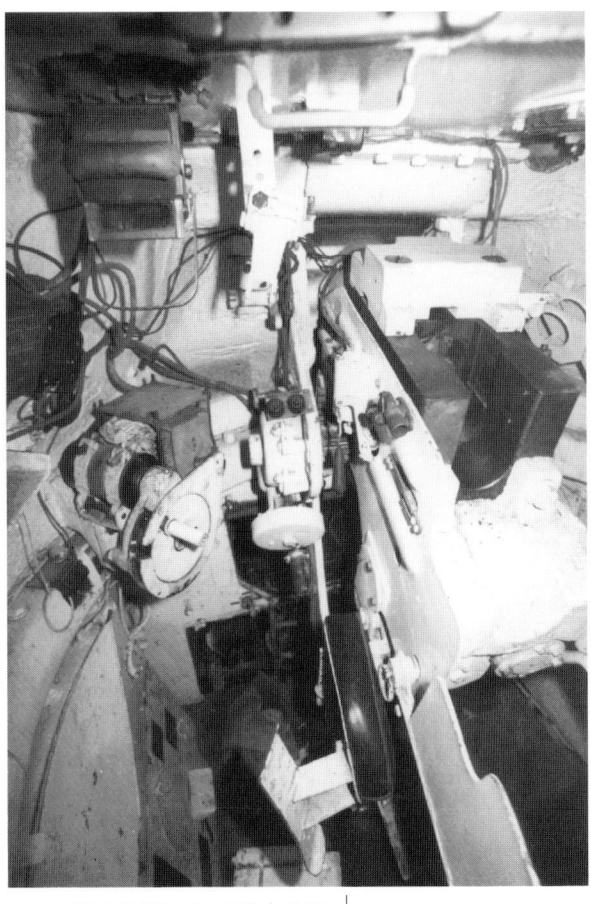

車長席から、T-34/85の砲塔内部の前方を撮影した写真である。画面の右側にはS-S-53の砲尾が見える。砲手席は、この写真のように折り畳める。主砲の俯仰操作ハンドルや砲塔旋回ハンドルも、きれいに写っている。この博物館の展示車両では、TShU-16直接照準器が欠品しているが、砲手用のMK-4ペリスコープは上面に残っている。

訳注6:正式な試作名称は「T-43-2」である。

訳注7:再設計で設けられたのは、砲手用ハッチではなく、装填手用のハッチである。なお、T-43の砲塔は2種類あり、T-43-2の砲塔では、車長席が砲塔側面の砲手席後部に移り、装填手用ハッチも設けられていた。

当面の解決策として砲兵総局は、すでに採用され、性能が保証されている85mm車載砲D-5Sを、新しいT-34/85の砲塔用に改修するようクラスナエ・ソルモヴォ工場に命令した。これは戦車工業界がスターリンに約束した最終期限に間に合わせるための処置であった。しばしば「T-34/85 1943年型」と呼ばれる、この暫定型というべきT-34は、1944年2月から3月にかけてゴーリキイのクラスナエ・ソルモヴォ工場で生産された。

　1944年1月に砲兵総局は、グラービンのS-50とS-53、ペトロフのD-5、そして、特別収容所設計チーム（GULAG）のLB-85という4種類の85mm戦車砲の性能調査を行った。その結果、どの砲も完全に満足できる代物ではなく、各々から、優れた特徴を取り入れた究極の砲を開発すべきであると結論に達した。

　第92火砲工場の設計チームの新任責任者となったA・サヴィン技師は、D-5と他の85mm砲を研究して、S-53の再設計を始めた。1944年1月の射撃審査で、この改良型S-53が従来のD-5やS-53より優れていることが明らかになり、「ZiS-S-53」の名称で制式採用された（著者注：ZiSとは、Zavod imeni Stalina（スターリン名称工場）の頭字語で、新しい砲を設計したゴーリキイの第92火砲工場に与えられた称号である）。

　ZiS-S-53の生産は1944年3月から始まり、工場生産ラインは月の後半までに、徐々にD-5から切り替えられていった。合計で約800両のT-34/85がD-5Tを搭載して生産され、残りは、全車がZiS-S-53を装備した(訳注8)。

設計改良
Design Modifications

　新しい戦車砲ZiS-S-53の登場に伴い、T-34/85の砲塔も再設計されることになった。新型の砲塔の設計は、ニジニイ・タギルにあるモロゾフ設計局のM・A・ナブトフスキイ技師の設計チームが担当した。砲塔内部を改修すべく、新しい主砲には、それまでのTSh-15直接照準器の代わりに、ジョイント連結式のTSh-16直接照準器を採用し、砲手と車長席を砲塔後部へと大きく移動させた。これは砲塔上面にある車長用司令塔（キューポラ）が、約40cm（16インチ）後方に位置が変わることからも明白である。砲塔上面にあった砲手用の間接照準器兼ペリスコープは廃止され、単純なMK-4ペリスコープへと変更された。

　さらに、戦闘中でも僚車に素早く指示が送れるようにすべく、車体右側面前部の機関銃手の脇に置かれていた無線通信機が、砲塔の車長席のすぐ傍へと移動した。主砲の変更によって、内部の砲架が新しくなり、新型直接照準器の取り付け位置も変わったので、主砲防盾の形状も変わることになった。

　複数の戦車工場で、T-34からT-34/85へと生産ラインの移行準備が始まったことにより、ニジニイ・タギルやイルクーツクの鋳造工場では、T-34/85の砲塔生産に着手した。各鋳造工場の技術には差があったため、砲塔の外観は、はっきりと異なる製品となった。もっとも一般的なのは、おそらくニジニイ・タギルのノヴォ・タギル鋳造工場で生産されたであろう、砲塔側面の砂型の分割ラインが直線的な砲塔だが、他の鋳造工場では、鋭い砲塔後部の下端エッジが特徴の合成砲塔（Composite）と呼ばれるタイプも生産された。

　戦時中、T-34/85はニジニイ・タギルの「ウラル・ヴァゴン・ザヴォード」ことウラル鉄道車両製作工場（第183工場）、ゴーリキイのクラスナエ・ソルモヴォ工場（第112工場）、オムスクの第174工場(訳注9)の3カ所の工場で生産された。なかでもニジニイ・タギルは他を大きく引き離した最大の工場で、1945年5月26日までに、合計約35000両ものT-34を製造し、T-34/85に関しては、総生産数の78.2パーセントを製造したのである。

　終戦まで、T-34はソ連戦車のなかで、圧倒的なシェアを占めるようになった。軽戦車の生産は1943年に終了し、IS-2重戦車の生産台数はT-34と比較すれば少なかった。1942

訳注8：T-34/85 1943年型は、クラスナエ・ソルモヴォ工場以外に、本来は重戦車の生産工場であるチェリャビンスクのキーロフスキイ工場でも生産された。

訳注9：ヴォロシーロフ名称機械製作工場である。

年にT-34はソ連戦車の生産台数のなかで51パーセントを占めたが、1943/44年には79パーセントまで上昇した。戦車生産において妥協のない規格標準化を押し進めたおかげで、ソ連はドイツを圧倒できたのである。

通常の主砲を搭載する戦車以外に、ニジニイ・タギルは「OT-34/85」と称された少数の火焔放射戦車を生産した。この戦車は、以前のT-34 1943年型から改造された火焔放射戦車OT-34と同じく、車体前方機銃の代わりにATO-42火焔放射器を装備し、30回の放射に十分な量である200リッターの燃料タンクを車内に増設していた。火焔放射の有効範囲は、燃料の種類によって異なるが、70～130mであった。火焔放射戦車は、1946年まで少数が生産され続けた。

OPERATIONAL HISTORY

部隊配備と戦歴

T-34/85の部隊配備は1944年3月から開始された。新装備については、親衛戦車隊に優先配備される慣習となっていたので、最初にT-34/85を受領したのは第2、第6、第10、第11の各親衛戦車軍団であった。当初の目標としては、戦車旅団の装備をすべてT-34/85に更新するとしていたが、実際には多くの戦車旅団が古いT-34との混成編成となった。T-34/85の初陣は、1944年3月後半の西ウクライナにおける戦闘であった。

当初、ドイツ軍はT-34/85を「T-43」と誤認していた。おそら

上●T-34/85 1943年型の左側面図。1/76スケール。(Author)

下●これは、1944年3月にゴーリキイで生産された85mm戦車砲ZiS-S-53を搭載した最初の生産ロットの1両で、珍しい車両である。鋳造砲塔本体は、D-5Tを搭載した最初のT-34/85と同一で、まだ逆U字形の砲塔吊り下げフックを付けている。主砲防盾の形状はZiS-S-53用に変更されたが、この戦車の防盾は、砲身基部に取り付けボルト用の溝がないことが、一般的な量産型とは異なっている。これらの初期生産ロットのもうひとつの特徴は、左側面の燃料ドラムの取り付け位置である。この特殊なT-34/85は、1944年4月にルーマニアの最前線付近で、第1親衛戦車旅団との戦闘の際に、ドイツ軍によって捕獲された。

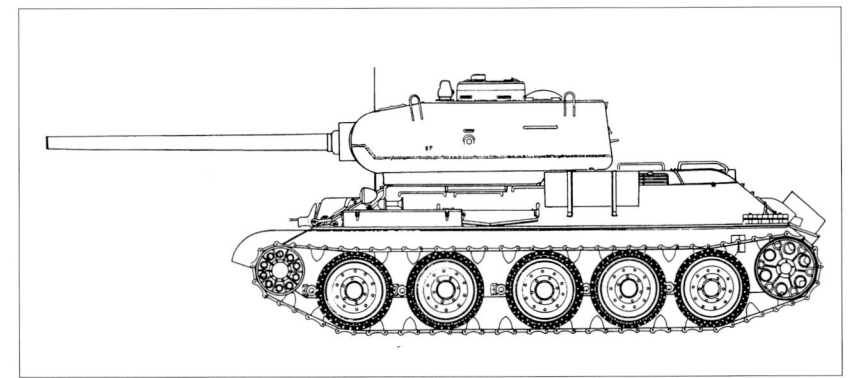

T-34/85 1944年型はバグラチオン作戦（＊）で初めて大量運用された。この大攻勢でソ連軍は中央軍集団を壊滅させ、ドイツ軍は大戦中最大の損害を被ったのである。この写真のT-34/85は、第2親衛戦車軍団傘下の第25親衛戦車旅団の所属車両である。同戦車旅団は、1944年7月初めに解放直後のミンスクに入城している。第2親衛戦車軍団のマークは白い矢で、その上に旅団の識別記号であるキリル文字の「Б（B）」を書いている。この部隊は、1944年3月から4月にニジニイ・タギルで生産されたT-34/85を主に配備していた。写真左のトラックは、捕獲した2cm対空砲Flak38を搭載したGAZ-AAである。（＊訳注：1944年6月22/23日、ソ連軍は夏期大攻勢作戦、暗号名「バグラチオン」を開始。これはベラルーシを奪回・突破し、一気にポーランド進攻への足がかりをつくるという、大戦中におけるソ連軍最大の作戦のひとつであった）(Sovfoto)

訳注10：極東にあるカメネッツ・ポドリスクと名前が似てるが、まったくの別都市。

T-34/85 1944年型の左側面図。1/76スケール。

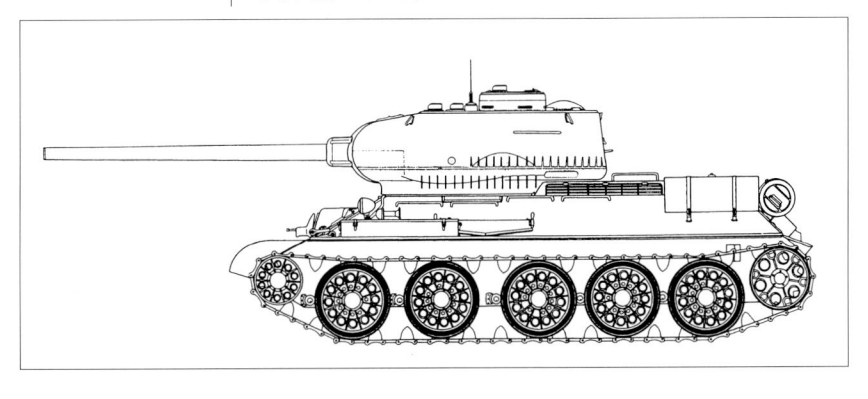

く、ドイツの諜報機関が「ソ連では、T-34の改良型であるT-43汎用戦車を開発中である」という情報を入手していたのが原因であろう。

初陣
Early Experiences

　1944年3月後半、ジューコフ元帥の第1ウクライナ方面軍とコーニェフ元帥の第2ウクライナ方面軍は、ウクライナとルーマニアの国境に近いカメネッツ・ポドリスキイ(訳注10)の近郊で、ドイツの第1戦車軍を、ほぼ、その手中に封じ込めた。このときのドイツ第1戦車軍司令官であったフーベ大将にちなみ、しばしば「フーベ包囲戦」と呼ばれる戦闘である。エーリヒ・フォン・マンシュタイン元帥は、第1戦車軍の救出のために、SS戦車師団を投入して反撃を開始した。

　ソ連戦車部隊は2月からの戦闘で戦力を消耗しており、第4戦車軍などは、定数約800両の戦車がわずか60両しか残っていなかった。T-34/85は、枯渇する戦車旅団の補充として、急遽、戦場に送られた。新型戦車を見た戦車兵たちの反応は熱狂的だった。ソ連第1戦車軍司令官であったミハイル・カツコフ将軍は、当時の戦闘のようすを思い出しながら、このように述べている。

「……この厳しい戦況下でも、いくつかのよろこばしい出来事があった。新しい戦車の到着も、そのひとつである。私の戦車軍が受領したT-34は、それまでの76mm砲ではなく、長砲身の85mm砲を搭

載していたので、一目で新型だと知れた。乗員となる戦車兵たちには、新装備に習熟するための訓練時間として2時間を与えた。前線の状況からは、これ以上の時間を認めることはできなかった。強力な武装に生まれ変わった、新しいT-34を一時でも早く実戦投入せねばならなかったのだ。

「強力な新しい主砲を装備したT-34の力強い外観は、我々を前向きな雰囲気にし、充分に士気を鼓舞してくれた。これまで歯が立たなかったドイツ戦車に対して、我々の新型戦車が戦闘能力で勝るということを見たときは、感無量であった……」

1944年3月から4月のカメネッツ・ポドリスキイ西部での戦闘は、T-34/85の初陣であったが、投入された台数はそれほど多くなかった。来るべき夏季攻勢に備えて、生産されるT-34/85の大半は、親衛戦車軍団の装備更新用に温存されていたからだ。

T-34/85対パンター
T-34/85 versus German Panther

1944年春に配備されたT-34/85は、ほぼ同時期に実戦参加したIS-2重戦車とともに、ソ連戦車兵に歓迎された。もっとも、T-34/85の登場をもってしても、ドイツ戦車の装甲と火力の技術的優位は逆転しなかったが、ほぼ対等なレベルにまでは到達した。T-34/85は、Ⅳ号戦車J型などの、同時期に活躍していた大多数の一般的なドイツ戦車よりは、明らかに装甲、火力ともに優れていたが、パンターに対しては対等ですらなかった。

当初、T-34/85が使用する標準的な85mm砲弾である「BR-365」は威力不足であった。パンターの主砲防盾や車体前面の傾斜装甲の貫通は不可能で、側面への射撃か、防盾の周囲にわずかにある砲塔前面の垂直面へのまぐれ当りでしか、装甲板に穴を開けることができなかった。しかし、パンターは1200mの距離からでも、T-34/85の主砲防盾であろうが、砲塔前面であろうが貫通可能で、傾斜している車体前面装甲ですら、距離300mで貫通できた。パンターとT-34/85は、距離2500mでは、相互に側面装甲を貫通できるが、砲塔側面はパンターの弱点であり、T-34/85は、ほんのわずかながら優位であった。

しかし、パンターの圧倒的な性能優位は、1944年夏に崩された。改良された85mm砲弾「BR-365P高初速徹甲弾（HVAP）」が前線配備されたのである。この弾頭は特殊な炭化タングステン弾芯で、傾斜角度60度の138mmの装甲板を距離500mで貫通できた。T-34/85は、最終的にパンターの正面装甲を貫通する能力を与えられたのである。

ポーランドのオグレドウ村近郊で、1944年の夏に、記憶に残るひとつの戦闘があった。第6親衛戦車軍団傘下のファストフ名称第53親衛戦車旅団のA・P・オスキン中尉の指揮するT-34/85と、ドイツの新型重戦車ケーニッヒスティーガーとの遭遇戦である。オスキンのT-34/85は立て続けに3両のケーニッヒスティーガーを、全て破壊し、新型スーパータンクの東部戦線での初陣を見事に台無しにした。村の少女に囲まれて、主砲防盾の向かって右側で微笑んでいる人物がオスキンである。

1944年夏のソ連軍大勝利
Soviet Success in 1944

　T-34/85の何者にも勝る強さは、その生産数にあった。1944年5月末の段階で、ドイツ国防軍が保有するパンターは、米英の上陸作戦が近いという予測があったため、西部戦線に優先配備され、東部戦線に展開している総数は304両だけだった。T-34/85の1カ月あたりの生産数は、1944年の春には約1200両に達していた。

　1944年6月の時点で、T-34/85がパンターと互角だったのか否かはともかく、その主砲は東部戦線のドイツ戦車部隊の大部分を構成するⅣ号戦車やⅢ号突撃砲に対して十二分に効果的だった。1944年6月22日から始まった、ドイツ中央軍集団に対するベラルーシでのソ連軍の大攻勢「バグラチオン作戦」までに、大部分のソ連戦車軍団は、部分的にT-34/85を装備しており、全装備がT-34/85に更新された部隊も少なくはなかった。

　1944年夏の大勝利で、T-34/85は顕著な活躍をした。およそ7200両のT-34が1944年6月までに製造され、そのうち6000両以上は新しいT-34/85であった。バグラチオン作戦に参加したほぼすべての戦車軍団は、T-34/85を配備していたが、ある1個戦車軍団だけは例外で、大部分の戦車がレンドリース供給されたアメリカ製のM4A2シャーマン戦車であった。

　1944年6月22/23日に発動されたバグラチオン作戦によって、ドイツは中央軍集団を壊滅させられ、第二次世界大戦で最大規模の惨敗となってしまった。ソ連軍はベラルーシを解放し、ドイツ軍の東部防衛線を突破して中部ポーランドに進み、その直後のウクライナにおけるリヴォフ=サンドミエシュ攻勢の勝利によってルーマニアにも進軍した。ブロディとリヴォフ周辺には、当時、東部戦線にいたドイツの装甲車両の多くが集結していたため、ウクライナ解放戦のなかでも、もっとも激しい戦車戦が行われた。

T-34/85対ケーニッヒスティーガー
T-34-85 versus German King Tiger

　リヴォフ=サンドミエシュ攻勢の終わりころのポーランドで、大祖国戦争の数ある戦闘のなかでも、記録されるべき戦車戦があった。1944年8月11日の夕方に、第6親衛戦車軍団傘下の第53ファストフ名称親衛戦車旅団(訳注11)の第1大隊に属するアレクサンデル・P・オスキン中尉は、ポーランドの村オグレドウを偵察するよう命令された。この村は、同じ旅団の第2大隊と出会う目標地点になっていたからだ。彼の戦車と一緒に、6月からベラルーシを経てポーランドまで戦った戦車随伴歩兵たちも同行してくれた。

　村に到着すると、味方の戦車は1両もおら

訳注11：旧第106戦車旅団。

第3ベラルーシ方面軍は、1944年10月中旬に大規模な攻勢をしかけて、東プロイセン突破を試みたが、ドイツ軍が激しく抵抗したため、多大な損害を出して失敗に終わった。4カ月前のミンスク戦の勝者である、第25親衛戦車旅団（第2親衛戦車軍団）のT-34/85も撃破された。写真の戦車は同年夏の生産で、車体後面装甲板にTDP煙幕発生装置を装備している。MDSh発煙筒は外れ、地面に落ちている。

ず、ドイツ軍が村の反対側に接近しつつあった。オスキンが旅団長に状況を報告すると、応戦できる場所を確保し、ドイツ軍部隊を監視するように言われた。戦車はトウモロコシ畑のおかげで、すでに上手くカモフラージュされていた。オスキンの戦車兵と随伴歩兵たちは、念入りに砲塔をトウモロコシの茎で隠した。夕暮れころにドイツの戦車縦隊がオグレドウ村に入ってきた。村に潜む敵を警戒してか、威嚇の銃声が聞こえたが、完全に日が暮れると止んだ。

　オスキンは、当然知り得なかったが、実は、この戦車部隊は東部戦線で最初にヒットラーの驚異の新兵器「ケーニッヒスティーガー重戦車」を配備された第501重戦車大隊の小隊であった。当初、45両のケーニッヒスティーガーで装備された部隊は、キェルツェで貨車から降ろされたが、8月11日の夕方にオグレドウ村近までたどり着けたのは、わずか8両だけであった。残りは、45kmの行軍の途中で、主に減速ギアの故障で行動不能となっていた(訳注12)。

　8月12日の朝に、ケーニッヒスティーガーは、サンドミエシュに近いヴィスワ川河畔のソ連軍橋頭堡への攻撃支援を命じられた。T-34/85の車長席に座りながら、オスキンはケーニッヒスティーガーが村から出てくるのを見た。当初、彼らはこの戦車をパンターだと思った。しかし、オスキンは、ドイツの新型重戦車に注意するよう警告していた諜報部の情報を思い出した(訳注13)。

　ドイツ軍は巧みにカモフラージュされたオスキンの戦車に気づかず、もろい車体側面を曝しながら道路上を通過しようとしていた。オスキンは装填手のA・ハリイシェフに貴重なBR-365P高初速徹甲弾を装填させ、ケーニッヒスティーガーが200mの距離まで近づいたときに、砲手のアブバキル・メルハイドロフに射撃を命令した。砲弾は、2両目のケーニッヒスティーガーの砲塔側面に命中したが、オスキンの眼には、効果がなかったように見えた。実際には砲弾は砲塔側面を貫通して車内の戦車兵が死んでいたのだが、オスキンの戦車から

1944年10月の東プロイセンの戦闘で、ドイツ国防軍は数両のT-34/85を捕獲し、ごく少数を実戦で使用した。ドイツ軍に使われたT-34/85には、目立つようにドイツの国籍マークが描き込まれている。

訳注12：同大隊は1944年7月5日に壊滅したが、同月14日付で、45両のケーニッヒスティーガーをもってオーアドルフで再編成された。著者の文章では、再編成の45両が、すべてキェルツェで貨車から降ろされたかのように記述しているが、実際には、第1中隊だけは遅れて8月12日にオーアドルフを出ており、全車が同日に出発したわけではない。また、貨車から降ろされた場所も、W・シュナイダーの著書『Tigers in Combat』(邦訳『重戦車大隊記録』(全2巻・大日本絵画刊)ではエドレシェボとしている。

訳注13：すでにケーニッヒスティーガーは、西部戦線で実戦参加しており、その情報は在モスクワのアメリカ大使館を通じて、ソ連に通達されていた。

訳注14：ソ連邦英雄には、自動的にレーニン勲章も与えられる。

訳注15：訳者も聞いたことがあるが、話す人によって結末はさまざまで、おもしろい。大祖国戦争参戦者のご老人曰く「ポルシェ博士はオスキンへの復讐心から、超重戦車マウスを開発したのだ！」……これでは開発時期が合わない。また、元戦車兵だったバス運転手の親仁は「ポルシェ博士は息子を殺されたショックから戦車を嫌い、自動車技師に転向したおかげで、戦後に大成した」と語る。しかしポルシェ博士はそもそも戦前から自動車技師で、その息子も戦車兵などではなく、戦後、経営陣のひとりとして、ポルシェ社を支えたのだが……。

は確認できなかったのだ。オスキンはさらに2発のBR-365徹甲弾を砲塔に撃ち込んだが、効果がないので、次の徹甲弾を装填させると砲手に車体後部の燃料タンクを撃たせた。さすがのケーニッヒスティーガーも、とうとう炎上し始めた。

このときには、先頭車のケーニッヒスティーガーは巨大な砲塔を旋回させて、忌々しい敵を探し始めたが、85mm砲の発射によって舞い上がった粉塵のため、オスキンの戦車を発見することができなかった。この隙にオスキンは先頭車の砲塔に3発の砲弾を撃ち込んだが、いずれも跳ね返され、効果がなかった。だが、4発目の砲弾が砲塔旋回リングを貫通したため弾薬が誘爆し、ケーニッヒスティーガーは燃え始めた。

3両目のケーニッヒスティーガーは、2両目のケーニッヒスティーガーの燃料火災による煙のせいで前が見えないため、最高速度で道を後退し始めた。オスキンは彼の戦車の車体後部に装備されていたMDSh煙幕缶を着火させて、煙幕を張りながら、3両目のケーニッヒスティーガーを追いかけ始めた。

俊足のT-34/85はすぐに追いついた。オスキンの戦車はケーニッヒスティーガーの後部に回り込むと、装甲の薄い後面から機関室を撃ち抜いて撃破した。道路に戻ると、2両のケーニッヒスティーガーのうちの1両の火が消えていたので、オスキンは最後のBR-365P高初速徹甲弾を撃ち込んだ。この2両のケーニッヒス・ティーガーは、火災で砲弾が誘爆し、砲塔が車体から外れてしまった。

この戦闘でのドイツ側の被害は、15名の戦車兵のうち、カルネツキ中尉とヴィーマン中尉を含む死者11名であった。そして、生存者の一部はオスキンの戦車の随伴歩兵たちによって捕虜とされた。ドイツの重戦車大隊には、3両のケーニッヒスティーガーが何に襲われたのか、わからなかった。かくして、この被害は「強力な対戦車防御兵器」によるものと報告された。

後部を撃たれた3両目のケーニッヒスティーガーは、ソ連側に回収されて、モスクワ郊外のクビンカにある赤軍の陸軍兵器試験場に送られた。現在でも、同所に併設してある装甲車両博物館に展示されている。オスキン中尉はこの戦闘の功績によって、赤軍でもっとも高位の徽章であるソ連邦英雄の金星章を授与された(訳注14)。

余談ながら「ケーニッヒスティーガーの設計者であるフェルディナント・ポルシェ博士の息子が、この戦闘に戦車兵として参加しており、オスキン中尉によって命を絶たれた」という有名なロシアの噂話がある(訳注15)。

VARIANTS

派生型

SU-100駆逐戦車
The SU-100 Tank Destroyer

1943年秋に、T-34に85mm砲を搭載する決定が下されたが、それは同時に、派生型であるSU-85駆逐戦車の主砲換装を意味した。新しい駆逐戦車用として新規設計された100mm戦車砲D-10と、新型重戦車IS-2用の122mm戦車砲D-25の2種類が候補に選ばれた。どちらの火砲も、スヴェルドロフスク市にある第9火砲工場のF・ペトロフ設計局が開発した。それまでソ連陸軍には存在していない100mmという新しい口径が選ばれたのは、すでに海軍用として砲弾が生産されていたからである。

大戦後期になると、ソ連軍は武勲のある英雄の名前や、目立つ数字を戦車に書くようになった。1945年4月にベルリンの郊外で撮影された、このT-34/85には、詩人ウラジーミル・マヤコフスキイの名が書かれている。この戦車は、非公式に「合成砲塔」と呼ばれる、あまり一般でない鋳造砲塔を搭載している。この砲塔は一体鋳造ではなく、2個の大きな鋳造部品を合わせて作られており、砲塔の分割線が砲塔後部で落ち込むように下端にきている。一般的な砲塔では、この分割線が側面から見ると平らなので、区別できる。

　新しい主砲をSU-85の車体に搭載する作業は、同じスヴェルドロフスク市内にあり、第9火砲工場にも近いウラル重機械製作工場（UZTM）のL・I・ゴリツキイ技師の設計チームが担当した。設計に着手すると、D-10とD-25のどちらも砲尾が大きいため、戦闘室の内部空間が不足することが判明した。この問題のもっとも簡単な解決策は、戦闘室の右側面を小さく張り出させて、車長席を外側に移動させることであった。車長席にはT-34/85に採用されたものと同様の司令塔（キューポラ）も付加された。新しい駆逐戦車の生産が開始される前の1944年の春に、この張り出しのある戦闘室は、生産ライン上のSU-85に取り入れられた(訳注16)。

　新しい駆逐戦車の最大の欠点は、携行弾数が大幅に減ったことである。SU-85では48発の85mm砲弾を搭載できたのに、100mm砲弾ではわずか33発であった。それぞれの主砲を搭載した試作車は「SU-100」と「SU-122P」として、1944年夏に完成した。射撃審査の結果、T-34のシャシーに122mm砲を搭載するのは無理があることが判明したので、D-10Sを主砲とするSU-100が制式採用された。

　主砲であるD-10の生産は1944年7月から始まり、ウラル重機械製作工場のSU-85の生産ラインは、同年9月よりSU-100に切り替えられた。1944年の終わりまでに、およそ500両のSU-100が製造され、1945年の中期までにさらに700両が完成した。

　若干のSU-100は、既存の自走砲大隊(訳注17)のSU-85の代替装備として供給されたが、大部分は、1944年12月から新編成された親衛自走砲旅団に配備された。この旅団は、ケーニッヒスティーガーのようなドイツの新型重戦車に対処するために、戦車軍直轄で指揮される特別な独立部隊であった。各自走砲旅団は65両のSU-100を装備していた。

　SU-100の初陣はポーランドのヴィスワ＝オーデル川攻勢で、1945年1月から一気に大量投入された。以後、次第に数を増やしながら、終戦まで使用された。

訳注16：SU-100仕様の車体に85mm車載砲D-5Sを装備したSU-85Mは、以前は著者の説明にあるように、SU-100より早く、1944年の春に生産されたとされていた。しかし、最近では、同年9月からSU-100と併行して、約300両が生産されたという説が有力である。

訳注17：12両のSU-85で編成。

同盟諸国のT-34/85
Allied T-34-85s

　戦争の終結が近い1945年になると、76mm砲を搭載するT-34とともに、T-34/85は、ソ連と同盟関係にあるいくつかの外国軍に供与されたが、もっとも数多くを装備したのは、ポーランド人民軍（LWP）であった。ポーランド人民軍には、1944年5月に訓練用として初期生産型のT-34/85が供与されたが、部隊編成できる充分な台数はなかった。しかし、1944年の夏季攻勢に続く、ワルシャワ南部のストゥヂャンキ橋頭堡の戦闘に投入されるために、同年10月、ポーランド第1戦車旅団が編成され、T-34/85が配備された。

　ポーランド人民軍には第1、第2、第3、第4、そして第16の計5個戦車旅団があり、T-34/85の供与が少なかった旅団でも数両を装備していた。彼らが最初に実戦参加したのは、1945年1月のヴィスワ=オーデル川攻勢で、1945年5月のプラハ解放作戦の終了まで戦い続けた。ポーランド人民軍の各戦車旅団が大戦中に受領したT-34/85は、合計328両で、そのうちの132両が終戦まで生き残った。さらに、SU-100を装備する自走砲連隊の編成計画もあったが、こちらの実現は1945年の夏まで遅れた。

　チェコスロヴァキア軍は、ソ連の肝入りで、第1チェコスロヴァキア戦車旅団を編成した。この旅団は1945年の春に第4ウクライナ方面軍に配備され、プラハ解放作戦直前の装備改編で52両のT-34/85を受領した。同戦車旅団は戦争の終わりまでに、約60両のT-34/85を供与された。

　連合国は、のちにユーゴスラヴィア大統領となるチトーの率いるユーゴスラヴィア国民解放軍を支援するために、2個戦車旅団を編成した。第1戦車旅団はイギリスの支援で1944年6月にイタリアにて編成され、M3A3スチュアート軽戦車を装備していた。のちにこの部隊

1945年3月28日に、グダニスクの路上で撮影されたポーランド第1戦車旅団のT-34/85。車両番号が「1000」であることから（＊）、おそらく旅団長車であろうが、同年4月2日のデボゴラ（アイヒベルク）の戦闘で炎上してしまった。白い国家章の鷲は、ポーランド人民軍（LWP）の識別マークである。（＊訳注：この写真では車両番号は確認できない）
(Janusz Magnuski)

は、ユーゴスラヴィアのアドリア海沿岸に上陸する。一方、ソ連の支援で編成された第2戦車旅団はT-34/85を装備しており、1944年後半に赤軍とともにユーゴスラヴィアへ入った。

　同盟関係のある国々だけでなく、敵対関係にある枢軸国側でも少数のT-34/85を使用した。ドイツは1944年の夏に、数こそ少ないもののT-34/85を捕獲した。しかし、集団で部隊運用はされず、末端の部隊が個々に使用した程度であった。フィンランドも、1944年の夏に7両のT-34/85を捕獲し、ソ連軍相手に使っていたが、同年秋の停戦以降は、それまで一緒に戦ったドイツ軍に砲火を向けることになった。

LATE-WAR PRODUCTION IMPROVEMENTS
大戦後期の改良

ベルリンへの足掛かりであるゼーロフ高地の戦闘で、第11戦車軍団と他のいくつかの部隊の戦車兵たちは、ドイツの民家からかすめてきたベッドスプリングを砲塔と車体側面に取り付けて、即席のパンツァーファウスト避けの防護スクリーンとした。狙いはパンツァーファウスト弾頭が装甲に命中する前に爆発させて、その貫通炎を無力化することであった。写真は、1945年5月のベルリン占領後、ブランデンブルク門の下に駐車している第11戦車軍団所属、第36戦車旅団のT-34/85である。

　T-34/85は大量に量産され、逐次、細かな改良が加えられている。こうした改良の大部分はT-34/85の実用性を高めるべく、生産過程で取り入れられたのだが、さまざまな生産型の識別を困難にする原因にもなっている。鋳造砲塔の外観上の差異以外に、1944年の生産型には、いくつかの変更点が存在する。

　たとえば、砲塔内部に取り付けられた新しい電動式砲塔旋回装置のために、鋳造砲塔の形状をわずかに変更する必要が生じた。1944年夏から生産されたT-34/85の砲塔の左側面には、このための奇妙な長方形の膨らみがある。1944年末もしくは1945年早々に、直径がやや大きくなった新しい車長用司令塔が導入され、ハッチも、それまでの2枚の両開きから1枚の片開きとなった。

　車体については、1944年の初春に生産されたT-34/85は、それまでのT-34と同じく、丸形フェンダーを装備していた。しかし、同年の春の終わりころには、単純な角形フェンダーが導入され、ほぼ同時期に、車体後部にはTDP煙幕発生装置が追加装備された。

　T-34を生産した3カ所の工場は、それぞれの下請け工場から部品を調達したが、これが、各工場で生産されるT-34/85の外見上の差異を生む原因となった。ある転輪製造工場は、1941年以降から使われている一般的な凹状転輪の代わりに、新しいスポーク状パターンの

右頁●ソ連軍では、装甲兵員輸送車が欠乏していたので、戦車部隊が兵員輸送を行った。歩兵は戦車にしがみついて戦場まで運ばれたのである。このため大戦中のソ連の戦車には、たくさんの手すりが付いている。写真は1945年5月にボヘミア北西部のブディニェに、地元のチェコ住民たちの喝采を浴びながら入城するT-34/85である。(CTK)

T-34/85とSU-100生産の推移

T-34/85	1944	1945	1946	1947	1948	1949	1950	1951〜56	計
ソ連*	11050	18330	5500	4600	3700	900	300	0	44380
チェコスロヴァキア*	0	0	0	0	0	0	0	3185	3185
ポーランド	0	0	0	0	0	0	0	1380	1380
ユーゴスラヴィア	0	0	0	0	0	0	0	7	7
SU-100									
ソ連*	500	1175	1000	400	1000	1000	1000	1000	6175
チェコスロヴァキア*	0	0	0	0	0	0	0	1420	1420
合計	11550	19505	6500	5000	4700	1900	1300	6992	57447

*ソ連の生産数のうち1946〜56年分と、チェコスロヴァキアの生産数は米国情報部による推定値

T-34/85 1945年型の四面図。
1/76スケール。(Author)

鋳造転輪の供給を始めた。同じような細部変更としては、多数の孔と溝があった転輪のゴム縁を、ゴムタイヤ製造工場が、1945年から何もないソリッド型に変更したことがあげられる。
　1944年のT-34の生産数は合計14773両で、そのうちの3723両はT-34/76であった。1945年のT-34/85の総生産数は、1945年5月末までで、7430両であった。
　T-34/85は1944年に実戦投入され、ドイツのパンター戦車と多く交戦した結果、さらに

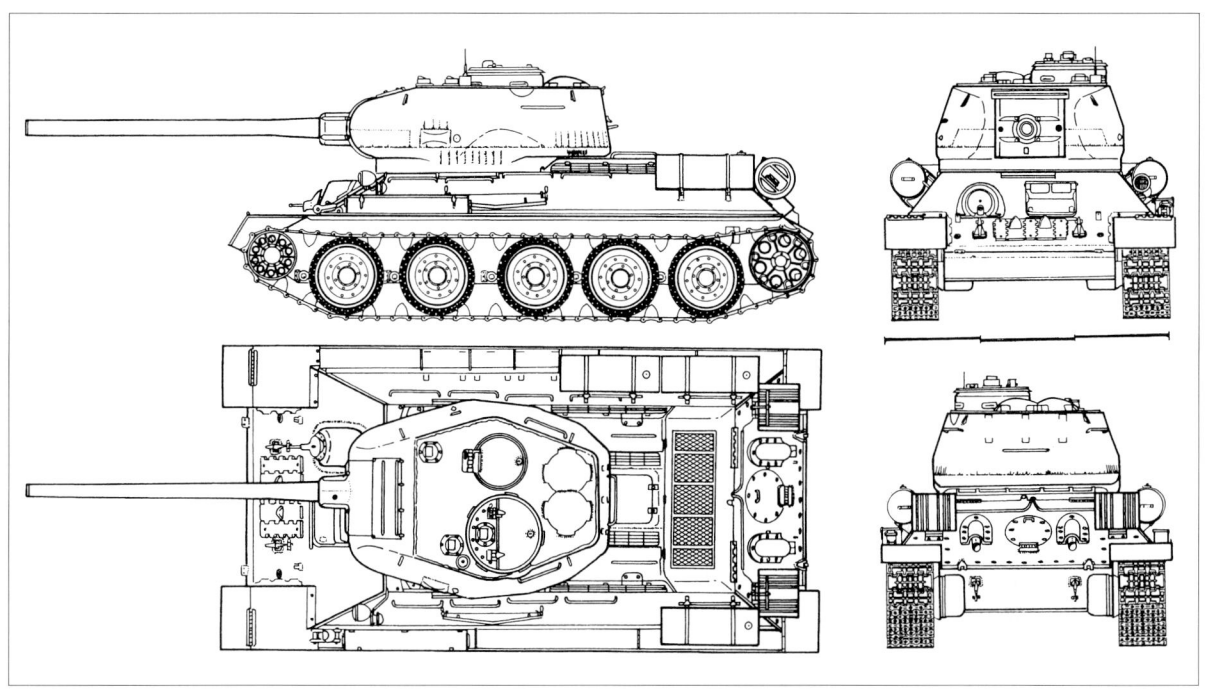

T-34/85 1946年型の左側面図。
1/76スケール。(Author)

T-44 1946年型の左側面図。
1/76スケール。(Author)

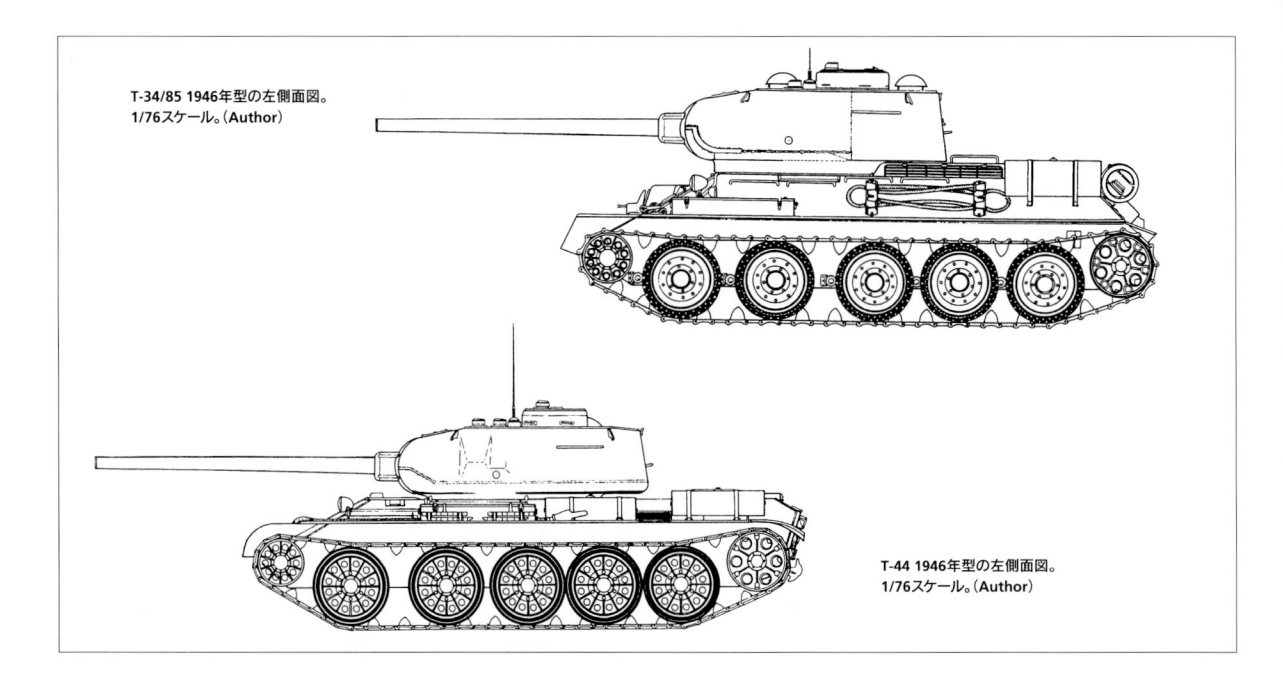

　強力な主砲の搭載が望まれた。これに応えるべく、SU-100の主砲であるD-10S 100mmを武装とする、数両の「T-34-100」の試作車が製作された。この試作車は、新しい主砲に対応するために、砲塔直径が1.6mから1.7mまで拡大され、砲塔自体も、わずかに大きく再設計された(訳注18)。しかし、T-34-100の試作車の性能審査は、期待外れな結果に終わってしまった。すでに軍の関心は新型の「T-44」と、その火力強化型である「T-44-100」に移っていたので、T-34-100は量産化されることはなかった。

　1944年にハリコフ・トラクター工場(第75工場)は再建された。同工場は、1943年からドイツ軍に占領され、その後の都市奪回戦で損害を受けたのである。T-34の設計局は、1941年のドイツ軍の侵入までハリコフにあった。そこで、ソ連中戦車の設計センターとして、工場を再設立するという計画もあった。1945年後半から、同工場はT-34/85を生産する第4番目の工場となった。この時期、砲塔上面にあるベンチレーターが、1個は装填手ハッチの前方に、もう1個を砲塔後部の右片隅にと、別々に配置した新しい砲塔が導入された。この砲塔は、主にハリコフ工場の生産車が搭載していたが(訳注19)、砲塔上面後部にベンチレーターを2個並列配置した、それまでの鋳造砲塔も併行生産されていた。

　T-34/85の生産は、戦後の冷戦時代まで続いた。1945年に、ニジニイ・タギルでは新型のT-44中戦車の限定生産が開始された。T-44の砲塔はT-34/85とよく似ていたが、車体はトーションバー・サスペンションに、横置き配置されたエンジン、新しいトランスミッションなど完全に新設計されていた。しかし、新規導入車両にありがちな初期不良が多発したため、量産は遅々として進まず、根本的な再設計が強く求められた。後継となるはずだったT-44が不安定なため、T-34/85の生産は継続され、その莫大な総生産数を、さらに伸ばした。

　不調に悩まされたT-44から発展したT-54Aは素晴らしい戦車であった。この戦車の完成によって、T-34/85の生産はついに終了を迎えた。1950年に、各工場に残っている多種多様な部品がゴーリキイの工場に集められ、最後の数百両のT-34/85が組み立てられた。T-34戦車の総生産数は戦後の外国生産分を含めると、76mm砲搭載のT-34が35120両、T-34/85が48950両の合計84070両であった。これに、T-34のシャシーを流用した各自走砲の生産台数である13170両を加えると、総数97240両が生産されたことになる。この数

訳注18：1944年6月より計画に着手し、より大型化された砲塔は新規設計され、背の低い車長用司令塔が導入された。砲弾ラックを設けるために、車体前方機銃手席は廃止され、IS-2やKV-85のような固定式銃架が、前面下部に取り付けられた。

訳注19：他工場で生産された砲塔が、ハリコフ・トラクター工場で車体に載せられた。

字はT-34/85こそが、第二次世界大戦中の最多量産戦車であり、現在にいたるまでの全戦車のなかでも、二番目に数多く生産された戦車であることを意味している。
(著者注：その後継戦車であるT-54/T-55系列が、T-34/85を凌ぐ最多量産戦車である)

INSIDE THE T-34-85
T-34/85の内部構造

　T-34/85は砲塔以外は76mm砲を搭載するT-34と、ほぼ同じ構成であり、操縦手兼メカニックと前方機銃手の2名の乗組員が、車体に乗り込む。85mm戦車砲D-5Tを主砲とするT-34/85の最初期生産型では、前方機銃手が無線通信手を兼任していたが、1944年3月より新砲塔が導入され、無線通信機は砲塔内に移動した。

　大量生産されるT-34/85に対して戦車兵の養成は追いつかず、1944年中は、訓練を終了した戦車兵が慢性的に不足した。あまりの状況から、ウラルの戦車工場で働いている女性工員たちが、不足補充のために操縦手として徴募されたくらいであった。さらに、T-34/85の5名の戦車兵たちには、部隊運用する前に戦車に習熟する時間も必要であった。結局、多くの戦車部隊は戦車兵不足からT-34/85を4名、時として3名の戦車兵だけで動かした。定員に満たない場合、まず、空席とされるのは前方機銃手席であった。

砲塔
The Turret

　76mm砲のT-34からT-34/85への移行で、最大の変更箇所は砲塔であると断言してよいだろう。砲手と車長は砲塔の左側、装填手は右側に位置した。主砲の俯仰ハンドルや照準

欧州戦線で最後の戦車戦が行われた場所は、1945年5月の、ここチェコスロヴァキアであった。写真のT-34/85の縦隊は、破線の円のなかに鷲がある旅団マークの特徴から、ポーランド第2軍傘下の第16戦車旅団である。先頭車の車両番号「1232」は、第1大隊、第2中隊、第3小隊の2号車であることを意味している。
(Janusz Magnuski)

ユーゴスラヴィア第2戦車旅団は1944年にソ連国内で編成され、翌1945年にソ連とともに、ユーゴスラヴィア入りした。同旅団は識別マークとして、この写真のようなユーゴスラヴィア独自の太った赤い星と、白縁だけの星の両方を使用した。この訓練用のT-34/85は、転輪がスポーク状パターンの鋳造製に交換されている。

器などの主砲操作系が砲塔左側に集中していたので、スペースを確保するべく、主砲は砲塔の中心線からわずかに右側に偏心して搭載された。主砲の砲尾部から延びたパイプの先にあるシートが砲手の席で、その後方に位置する車長は、砲塔旋回リングにボルト止めされた折り畳み式のシートに座る。装填手は砲塔旋回リングと砲尾に皮ベルトで吊られたサドルに座る。このサドルは、戦闘中は邪魔になるので外された。

武装
Armament

　砲塔には85mm戦車砲ZiS-S-53が搭載されていた。この砲は砲身の上に駐退器があり、垂直鎖栓式閉鎖器(訳注20)というソ連戦車砲の伝統的な構成で、砲身長は54.6口径(訳注21)であった。専用の砲弾は少なくとも3種類が用意されており、標準的な対戦車用砲弾は「BR-365」で、弾頭重量は9.36kg、弾頭に50gの高性能炸薬を起爆筒薬として内蔵していた。

　この砲弾の初速は792m/secで、距離500mで111mm、同1000mで102mm、同1500mで85mmの装甲板を貫通可能であった。1944年後半期に改良型である高初速の「BR-365P」があらわれた。「P」は「podkaliberniy＝口径より小さい」(訳注22)を意味した。この砲弾の弾頭重量は4.95kgで、620gの炭化タングステン弾芯を内蔵していた。初速は飛躍的に向上した1200m/secというかなりの高初速弾で、距離500mで138mm、同1000mで100mmの装甲板を貫通可能であった。この砲弾は、どのくらいの数が配備されたのか詳細が不明である。推測するに戦車1両につき、わずか数発程度ではないだろうか。

　もっとも一般的な砲弾は「O-365」榴弾で、重量9.6kgの弾頭部は775gのTNT炸薬で満たされており、最大有効射程距離は13.3kmであった。第二次大戦で戦車は対戦車戦闘だけでなく、非装甲の目標の攻撃にも活用されたが、その際、「O-365」榴弾は非常に効果的であった。

　T-34/85の携行弾数は、当初は55発であったが、後期型では60発に増弾した。即用で

訳注20：砲弾を後部から込める方式の砲では、射撃時のガスが漏れないように栓をせねばならない。この栓の役割をはたすのが、閉鎖機である。閉鎖機の形式は、大きく分けて、隔螺式と鎖栓式の2種類がある。砲尾部の内側にネジ状の溝を彫り、そこに噛み合うように、閉鎖機自体に飛び出し式のネジ状突起を取り付けたのが隔螺式閉鎖機である。一方、凹形状の砲尾部を、滑動するブロック状の閉鎖機によって、閉鎖するのが鎖栓式である。

訳注21：この場合火砲の砲身長を示す単位で、砲身が砲の直径の何倍の長さかを示す。

訳注22：弾頭部がやじり状になっており、基部が一段くびれているのが名称の由来。

ある16発は砲塔内ラックに、さらに4発が砲塔右後部の砲手の傍に用意されていたが、大半の砲弾は、6個の金属製弾薬ケースに収納されて戦闘室の床面に収められていた。金属製弾薬ケースには、1個あたり6発の砲弾が入っていた。また、後期型では車体の右側壁面に収納架が増設され、そこに5発の砲弾が追加された。弾薬ケースを保護するために、戦闘室の床面はゴム引きのマットで覆われていた。砲弾はアメリカのM4シャーマン戦車のように湿式収納ケース(訳注23)で保護させていないので、車内火災が起きると車載砲弾に引火する危険性が高い。主砲の発射速度は熟練の装填手と砲手にかかれば、通常、毎分3〜4発の射撃が可能であった。

砲手は主砲と連動しているTSh-16直接照準器で狙いを定めるだけでなく、主砲の俯仰と砲塔旋回の両方を操作する。彼は右手で主砲の俯仰ハンドルを回し、左手で砲塔の旋回を行った。1944年夏までの最初の生産ロットでは、T-34/85の砲塔旋回は手動式であった。1944年の後半からMB-20V電動式砲塔旋回装置が導入され、砲手は砲塔旋回ハンドルを回し続けるという重労働から解放されたばかりか、砲塔旋回速度も増した。

しかし、電動式砲塔旋回装置の精度は十分でなかったため、砲手は、適当な位置までは電動装置を使い、最後の微調整を手動で行った。砲手用としてMK-4ペリスコープも備えられていたが、これは照準用ではなく、一般的な外部視察に使われた。ただし、85mm戦車砲D-5Tを主砲とする最初のT-34/85 1943年型に装備されたPTK-5ペリスコープは、間接照準器を兼用していた。

新たなる内部配置
New Internal Layout

戦車兵が、それまでの4名から5名に増えたことは、T-34/85戦車にとって大革新であった。車長は装填手や砲手を兼任する必要がなくなり、自分の戦車兵への命令と僚車との連携に専念できるので、ソ連戦車の戦闘水準を上げることになった。1944年から1945年のあいだに、ソ連の戦車戦術が飛躍的に進歩したため、ドイツ戦車の損失率が上昇したが、この成果の最大の理由は、新しい乗員配置の導入にあった。

実は、ソ連の戦車設計技師たちも、1941年秋に、この乗員配置をT-34Mから取り入れる予定であった。しかし、このときは、T-34の改良を凍結するという決定が下されたために実現しなかった。ドイツではすでに戦前のIII号戦車から、5名制の乗員配置だったので、ヨーロッパ列強諸国のなかでは、赤軍は一番遅れて、この乗員配置を採用したことになる。

T-34/85の車長は砲手の直後に座った。76mm砲を搭載するT-34の後期生産型から、全周視察が可能な車長用司令塔が装備された。この司令塔は上面にMK-4ペリスコープ、司令塔の周囲に防弾ガラス入りのスリットを備えていた。生産初期型の司令塔は、2枚の両

戦後、多くのソ連戦車には、華やかな祝賀の言葉やスローガンが描き込まれた。この写真は1946年の撮影で、ドイツ駐留ソ連軍の戦車兵たちが、大戦中の勝利の話に聞き入っている。砲塔のマーキングは「Pobeditel Berlina（ベルリンの勝者）」。うっすらと見えるマークの円のなかに記された「'1'0」から判断して、第54親衛戦車旅団の戦車であろう。(I Kolly)

訳注23：周囲に水を張った砲弾収納ラック。「湿式弾庫」とも呼ばれる。1944年2月、後期生産型のM4A3に初めて設置された。1945年に実施された米陸軍の調査によれば、「湿式弾庫」を備えたシャーマンの炎上率は10〜15%にとどまったという。

開き式ハッチであったが、1945年から司令塔の直径が大きくなり、新しい1枚の片開き式ハッチも導入された。司令塔の天蓋部は旋回可能だったので、車長はMK-4ペリスコープで、全周視察を見わたすことができた。

T-34/85の第二の大きな革新は、車体右前部に位置する前方機銃手が操作していた無線通信機が、砲塔内の車長席の傍に移動したことである。無線通信機は小隊／中隊規模の戦術上運用を改善する重要な鍵を握る装備なので、1944年までにすべてのソ連戦車に装備された。T-34/85には、通常、送受信可能な「9-R」型無線通信装置が装備された。この無線機は、4～5.6メガサイクル波長のAM電波を使用し、音声モードでは最高24kmの距離での通信ができた。

新たな改良
New Improvements

T-34/85には量産の過程で、さまざまな小改良が導入された。車内燃料積載量は610リッターから545リッターに減らされたが、車外の予備燃料の積載量は3個の円筒型燃料タンクの使用によって、180リッターから270リッターまで増やされた。

1944年後半にはTDP（tankovoy dymoviy pribor、戦車用発煙装置）煙幕発生装置が導入され、敵の対戦車砲などと遭遇した際に、部隊を隠すために使われた。この発煙装置は戦車の後面装甲板に取り付けられた、2個のMDSh電気着火式発煙筒を使用したが、この発煙筒の取り付け架は、ときどき、小型の予備燃料タンク用としても使用された。T-34/85には改良型のマルチ・サイクロン・エアフィルターが採用された。さらにT-34/85の後期生産型には、内部構造を改良したV-2-34Mディーゼルエンジンが搭載された。ソ連の戦車工業界はT-34戦車の多くの部品を改良し、徐々にその耐久性を高めていった。たとえばV-2ディーゼルエンジンの平均寿命は、1941年には、実働時間で約100時間であったが、1944年までには約180～200時間となった。また、トランスミッションの耐久性も向上し、約1200kmまで、オーバーホールが不要となった。

戦後の西側圏におけるT-34/85の分析
Post-war Western Analysis of T-34-85

1951年に、米国の戦車製造会社であるクライスラー社は、韓国で捕獲されたT-34/85の性能調査を実施した。その調査結果による報告書の評価は良好であった。

「……製造工程には無駄がない。外側は未仕上げの部品であっても、機能的に重要な箇所には対照的ともいえるくらいに、十分に精密な機械加工が施されている。部品の改良は

1946年、ドイツのヴンスドルフで、ソ連軍の兵舎の傍で行われた軍楽隊によるコンサートの背景に使われるT-34/85。第56親衛戦車旅団（第7親衛戦車軍団）の車両である。砲塔の派手なマーキングは、もともとこの戦車に描かれていた旅団マーク「○-3」、車両番号「321」と赤い星の上に、旅団の第二次大戦中の足跡を追った「Proskurov - Lvov - Sandomir - Czenstakhow - Berlin - Praga（プロスクロフ－リヴォフ－サンドミェシュ－チェンストホヴァ－ベルリン－ブラハ）」を書いている。砲塔基部には「Boevoy put 3572km（戦闘の道程3572km）」と書かれている。(I Kolly)

右頁下●ある砲塔鋳造工場では1946年の秋から、それまで砲塔上面後部に並列配置されていたベンチレーター防護カバーを、1個ずつ前後に分けた改良型砲塔を生産し始めた。モスクワでのパレードに参加する写真のT-34/85は、その砲塔を搭載している。ハリコフを含む、少なくとも2カ所の戦車工場で、この砲塔を搭載したT-34/85が生産された。

積極的に行われているが、その多くは構造の単純化や製造コスト低下のためではなく、戦車の性能向上、特に耐久性の向上にあるのは明白である。
「材質は必要十分なものであり、いくつかはアメリカ戦車に使われているものよりも優れている。構造は単純で、平均的な機械整備の訓練を受けた乗員であれば、ほとんどの修理がこなせる水準である……」

一方、T-34/85の短所については、以下のように述べている。
「……この戦車の操縦は難しく、操縦手には大きな疲労を強いる。クラッチ・ブレーキ操向方式(訳注24)のせいで、操向(方向変換)は大回りになりがちで、乾式多板クラッチと遊星歯車式変速機を使用しているので、変速も難しい(訳注25)。

「足廻りには衝撃緩衝装置がないので乗り心地は悪く、ラバーマウントなどを介さず直接、車体に搭載されているエンジンや、消音装置のない排気管、さらに全金属製の履帯から発生する過度の雑音も、乗員の疲労原因となっている。

「水冷エンジンと、それに付属するラジエーターは大変に脆弱で、衝撃や小火器による射撃、凍結などで容易に冷却水漏れを起こす。エンジン吸気口に装備されたエアフィルターはまったく能力不足で粉塵を除去しきれておらず、エンジンの燃焼室に混入してしまうので、シリンダーの摩耗を進めてエンジン寿命を縮める結果になっている。埃が舞い飛ぶ地域での数百マイルにおよぶ行軍では、おそらく、かなりの出力損失を生じているであろう」

その他に砲塔バスケットの欠如、貧弱な消火設備、電装系統の弱さ、バッテリーを充電する補助発電器の欠如、冬期の始動の際にエンジン・オイルを温める手段の欠如などの問題点を指摘している。

さらに報告書は、ソ連の戦車製造技術には無駄がないと評価する一方で、意識が低くて未熟な工員たちによって、優れた設計が台無しになっている事例がたくさんあるとも指摘し、最大生産高を確保するために、各生産工場に極端なノルマが課せられた影響で、がたついた異音を発し、表面には亀裂が走るまでに酷使された生産設備もその原因だと述べている。たとえば、1945年に製造された戦車を調査したところ、ラジエーター部のハンダ付け不良が原因で、本来の性能の半分しか発揮できていなかった。

ソ連戦車の設計理念は、低コストで耐久性が

ユーゴスラヴィア人民軍(JNA)が終戦直後に挙行したパレードに参加する、2両のT-34/85 1945年型。恰好の資料となる素晴らしい写真である。砲塔側面の手すりの下あたりを注目してもらうとわかるが、どちらの戦車も直線的な砂型分割ラインの鋳造砲塔で、直径が大きくなった車長用司令塔と片開きの1枚ハッチ、角形前部フェンダーなどの1945年の生産型の特徴をもっている。

訳注24:日本の専門家のあいだでは「操向変速機式」と呼称される。

訳注25:当時、アメリカ戦車はすでにオートマチック・トランスミッションを搭載しており、クライスラー社からすれば、手動式の変速機など時代遅れの代物にしか見えないのであろう。

あり、いかなる虚飾も廃した戦車を目指しているのは明白であった。1941年の大規模な工場損失によって、その産業基盤が打撃を受けたにもかかわらず、この実用主義的な選択のおかげで、戦争中、ソ連はずっと戦車生産数ではドイツを凌駕できた。この大戦中の戦車工業界の功績こそが、ソ連に勝利をもたらしたのである。

ソ連以外の国で生産されたT-34/85
Foreign T-34-85 Production

　1950年代初期に東ヨーロッパがソ連の支配下に置かれたのち、ソ連は衛星諸国の軍隊をソ連軍の様式に沿うよう再編成する計画を開始した。この計画は各国で生産される多くの新しい装備で、ワルシャワ条約機構の軍隊を近代化するという側面ももっていた。ワルシャワ条約機構加盟国のなかで、戦車を製造できる充分な工業水準に達していたのは、ポーランドとチェコスロヴァキアの2カ国であった。

　ポーランドではラベディのブマール製作所が、戦車の組み立て工場として選ばれた。そして最新型ではないものの、T-34/85のライセンス生産権がポーランドに売られた。最初のT-34/85は1951年に完成し、T-54Aに切り替わる1955年まで生産は続けられた。

　ポーランド製のT-34/85は、最終生産型の様相を呈していた。構成部品の大部分はソ連製と同じだが、砲塔の鋳造肌がかなり滑らかなので識別は容易である。同国のT-34/85は、東ドイツを含むいくつかのワルシャワ条約機構加盟国にも売却された。

　チェコスロヴァキアは、ポーランドと同時期にT-34/85の生産を開始。最終組み立て工場として、スロヴァキアのマルティンに新しい工場を建設した。チェコスロヴァキア製のT-34/85は、基本的な構成がポーランド製と酷似しており、砲塔の鋳造肌もかなり滑らかであった。チェコスロヴァキア製のT-34/85は、車体左側面の後端に歩兵用の車内連絡ボタンの突起があり、さらに、車体左側面には戦後型の牽引用ワイヤーロープの取り付け架があることで、ポーランド製と区別が可能である。マルティンの「スターリン工場」では、派生型であるSU-100のライセンス生産も同時期に始めていた。

1946年9月8日、モスクワの赤の広場で催された「戦車兵の日」(*)のパレードに参加する第2タマン親衛狙撃師団のT-34/85 1946年型。前後に1個ずつのベンチレーターカバーがある砲塔、周囲に穴や溝がないゴム縁付転輪、直径が大きくなった車長用司令塔などから、戦後生産型とわかる。また、車体側面の予備燃料タンクの前に装備されている牽引用ケーブルの止め金具も、戦後生産型だけの特徴である。(*訳注：毎年9月の第2日曜日が「戦車兵の日」とされ、基地公開や記念イベントが催される)

カラー・イラスト

解説は44頁から

図版A1: T-34/85 1943年型　第53軍第38独立戦車連隊
ウマンスコ・ボトシャンクスキイ作戦　1944年3月29日

図版A2: T-34/85 1945年型　第10親衛戦車軍団第63親衛戦車旅団
プラハ　1945年

A

図版B: T-34/85 1944年型　第7親衛戦車軍団第55親衛戦車旅団
ベルリン　1945年4月

B

図版C: T-34/85 1945年型　第6親衛戦車軍
大興安嶺（ホシンアンリン山脈）満州　1945年8月

図版D:
T-34/85 1945年型
北朝鮮人民軍第105戦車旅団　韓国　ソウル　1950年7月

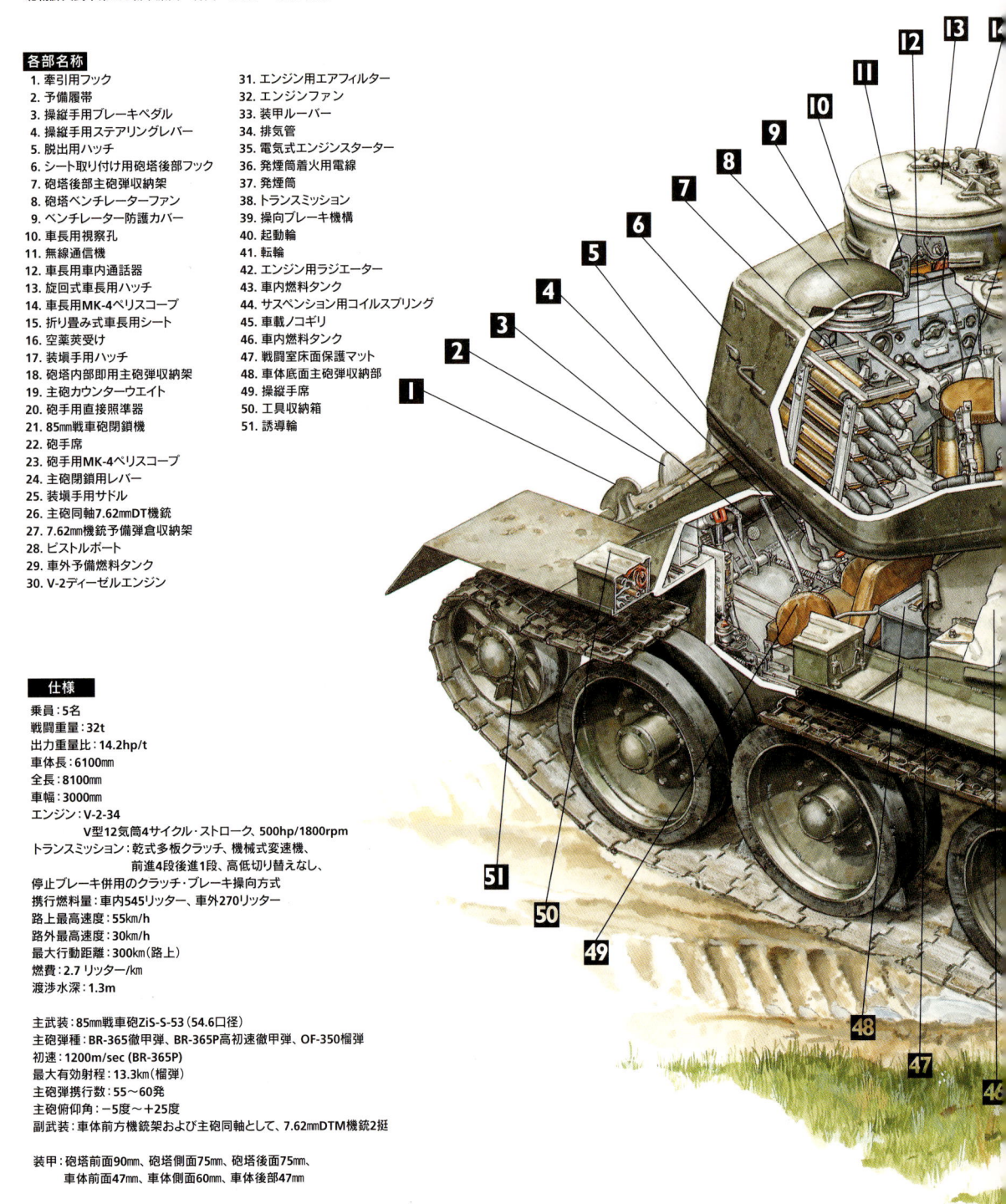

各部名称
1. 牽引用フック
2. 予備履帯
3. 操縦手用ブレーキペダル
4. 操縦手用ステアリングレバー
5. 脱出用ハッチ
6. シート取り付け用砲塔後部フック
7. 砲塔後部主砲弾収納架
8. 砲塔ベンチレーターファン
9. ベンチレーター防護カバー
10. 車長用視察孔
11. 無線通信機
12. 車長用車内通話器
13. 旋回式車長用ハッチ
14. 車長用MK-4ペリスコープ
15. 折り畳み式車長用シート
16. 空薬莢受け
17. 装填手用ハッチ
18. 砲塔内即用主砲弾収納架
19. 主砲カウンターウエイト
20. 砲手用直接照準器
21. 85mm戦車砲閉鎖機
22. 砲手席
23. 砲手用MK-4ペリスコープ
24. 主砲閉鎖用レバー
25. 装填手用サドル
26. 主砲同軸7.62mmDT機銃
27. 7.62mm機銃予備弾倉収納架
28. ピストルポート
29. 車外予備燃料タンク
30. V-2ディーゼルエンジン
31. エンジン用エアフィルター
32. エンジンファン
33. 装甲ルーバー
34. 排気管
35. 電気式エンジンスターター
36. 発煙筒着火用電線
37. 発煙筒
38. トランスミッション
39. 操向ブレーキ機構
40. 起動輪
41. 転輪
42. エンジン用ラジエーター
43. 車内燃料タンク
44. サスペンション用コイルスプリング
45. 車載ノコギリ
46. 車内燃料タンク
47. 戦闘室床面保護マット
48. 車体底面主砲弾収納部
49. 操縦手席
50. 工具収納箱
51. 誘導輪

仕様
乗員：5名
戦闘重量：32t
出力重量比：14.2hp/t
車体長：6100mm
全長：8100mm
車幅：3000mm
エンジン：V-2-34
　　　　V型12気筒4サイクル・ストローク、500hp/1800rpm
トランスミッション：乾式多板クラッチ、機械式変速機、
　　　　　　　　　前進4段後進1段、高低切り替えなし、
停止ブレーキ併用のクラッチ・ブレーキ操向方式
携行燃料量：車内545リッター、車外270リッター
路上最高速度：55km/h
路外最高速度：30km/h
最大行動距離：300km（路上）
燃費：2.7 リッター/km
渡渉水深：1.3m

主武装：85mm戦車砲ZiS-S-53（54.6口径）
主砲弾種：BR-365徹甲弾、BR-365P高初速徹甲弾、OF-350榴弾
初速：1200m/sec（BR-365P）
最大有効射程：13.3km（榴弾）
主砲弾携行数：55～60発
主砲俯仰角：－5度～＋25度
副武装：車体前方機銃架および主砲同軸として、7.62mmDTM機銃2挺

装甲：砲塔前面90mm、砲塔側面75mm、砲塔後面75mm、
　　　車体前面47mm、車体側面60mm、車体後部47mm

29

図版E: T-34/85 1953年型（チェコスロヴァキア生産型）
シリア軍第44機甲旅団 ゴラン高原 エイン・フィテ 1967年6月10日

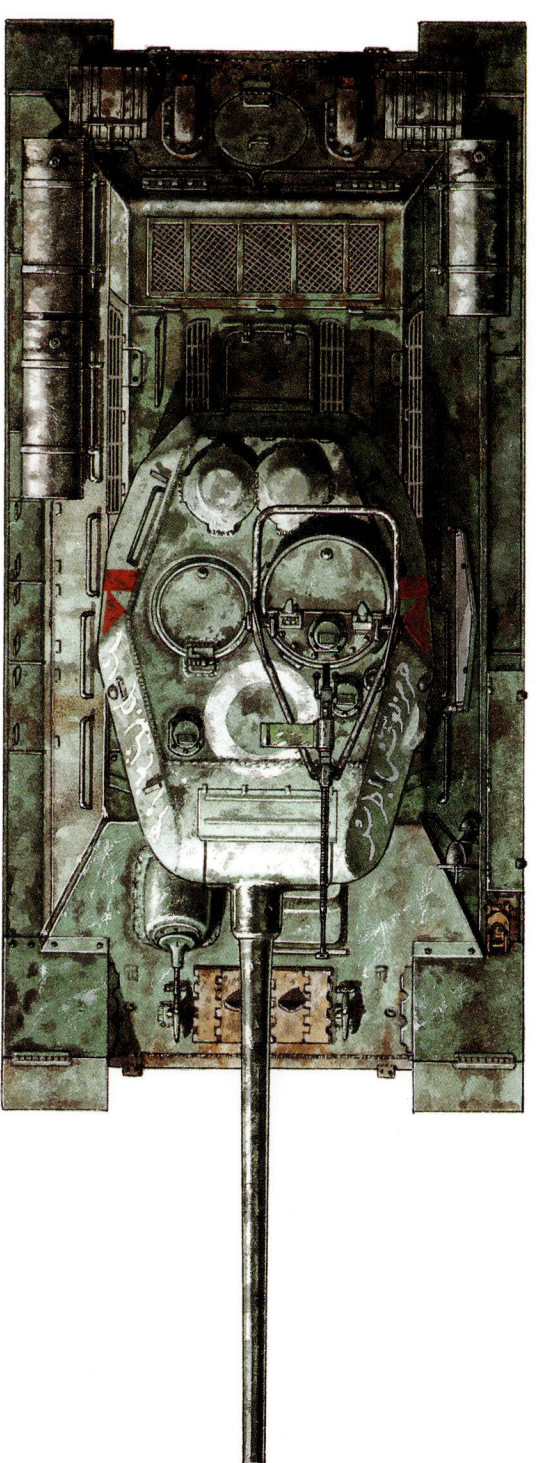

図版F: T-34/85 1960年型(チェコスロヴァキア生産型)
レバノン内戦時のアル・ムラビツン武装民兵組織 ベイルート 1982年

図版G1: 122mm榴弾砲D-30を搭載するT-34の自走砲
シリア軍 ゴラン高原 第四次中東戦争 1973年

図版G2: T-122 122mm自走榴弾砲 エジプト軍 1980年

G

チェコスロヴァキアにおけるT-34/85の生産数は、ポーランドよりもはるかに多かった。これはポーランドが途中からT-54Aに生産ラインを切り替えた事情もあるが、1950年代初期にソ連が、チェコスロヴァキア政府に中東諸国への武器輸出を許可したことが大きな理由であった。チェコスロヴァキアの中東向けの武器輸出で最大の商談は、1956年にエジプトに数百両のT-34/85とSU-100駆逐戦車を売ったことである。チェコスロヴァキアにおけるT-34/85の生産は、T-54Aの生産が開始される1958年まで続いた。

　ユーゴスラヴィアは、1940年代後半にT-34/85のライセンス生産を検討した。結局、T-34/85の生産はするものの、生産を始める前にさまざまな改修を加えると決定し、戦車の名称も「Teski Tenk Vozilo A（重戦車A型）」と変えた。改修点は、ユーゴスラヴィアが独自に設計した新型砲塔や、前面の両端に傾斜面を取り入れた車体上部などであった。1949年から50年にかけて7両の試作車が製作されたが、チトーとスターリンの関係が悪化したのち、ソ連の技術支援が中断したので計画は頓挫した。

POST-WAR MODIFICATIONS

戦後の改修

　1960年代にはT-34/85も旧式装備となっていたため、多くの近代化改修が施された。この改修型のT-34/85は、ワルシャワ条約機構軍の最前線部隊に配備されることはなかったが、10年間にわたって予備役の主力装備として残された。

　ソ連は二段階にわたって、T-34/85に大きな近代化改修を施した。まず、1960年にエンジンが更新され、大戦中からのV-2-34ディーゼルエンジンは、新型のV-34-M11ディーゼルエンジンに換装された。V-34-M11は、冷却機構とオイル潤滑機構が改良されており、新型のVTI-3エアフィルターも装備していた。また、バッテリーの充電用に「GT-4563A」もしくは「G-731」発電機も追加装備された。車体後面に装備していたTDP煙幕発生装置には、戦時中からのMDSh発煙筒に代わって、小型で新型のBDSh発煙筒を使用するようになった。

　夜間行軍用に、操縦席にはBVN赤外線暗視装置が装備され、FG-100赤外線前照灯が通常の白色光の前照灯と並ぶように追加された。戦時中からの9-R無線通信機は、性能向上型である10-RT-26Eに更新された。「T-34/85 1960年型」に施された近代化改修は、SU-100などの派生型にも導入された。

　また、同様の近代化改修は、ポーランド、チェコスロヴァキアや他のワルシャワ条約機構

T-34/85 1969年型の左側面図。1/76スケール。

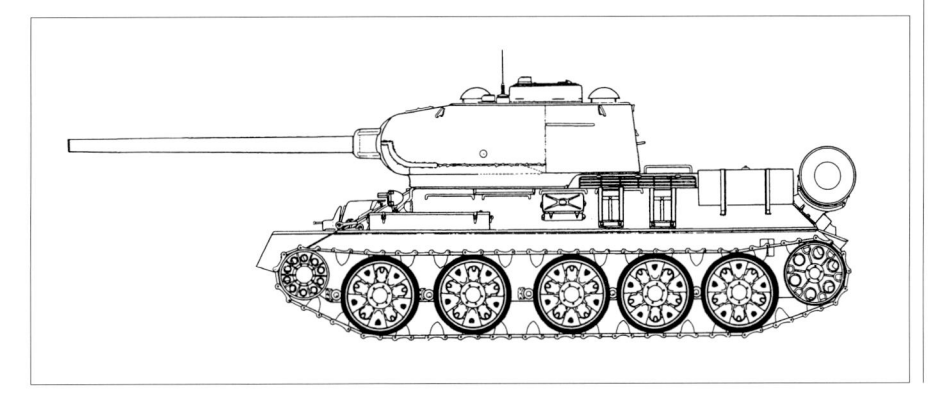

加盟国で開始された。改修されたポーランド製のT-34/85は「T-34/85M1」と称された。

　第二段階の近代化改修は1969年から開始された。しかし、これは1960年の改修ほど大規模ではなく、当時の主力戦車であるT-55やT-62との部品の互換性を高めるという、低コストで効果的な内容であった。

　もはや旧式となった「10-RT」無線通信機は、最新型の「R-123」と交換され、夜間行軍用の赤外線暗視装置も、暗視ペリスコープと赤外線前照灯が更新された。さらに、各部を自動化する小改修も実施された。外観的には、燃料ポンプ用の収納箱が車体左側面に追加された。外装式予備燃料タンクから燃料を車内に移す作業を容易にするために、燃料ポンプが追加装備された。

　車体後面にあった2個のBDSh発煙筒の装着架は、通常は廃止されたが、車体左側面の燃料ポンプ収納箱と外装式予備燃料タンクの中間位置に移された車両もある。発煙筒の装着架に代わって、車体後面には2個の容量200リッターの燃料用ドラム缶の搭載架が新装備された。この搭載架は、空ドラム缶を車内操作で投棄することはできなかった。

　そして、1970年代に、T-55用のスターフィッシュ(ヒトデ)型転輪に酷似したT-34/85とT-44用の新型転輪が開発されたが、履帯は幅の狭い旧型のままであった(訳注26)。もっとも、すべての「T-34/85 1969年型」がこの新型転輪に交換されたわけではなく、各改修工場で旧型転輪の在庫がある場合は、そちらが使われた。

　ワルシャワ条約機構加盟諸国のT-34/85にも、これらの改修の一部が導入されたが、その内容は国ごとに異なっていた。ポーランドではT-34/85が予備兵力として重要な地位を占めていたので、チェコスロヴァキアよりも真剣に近代化に取り組んだ。このポーランドの近代化改修型は「T-34/85M2」と呼ばれ、収納箱の追加、シュノーケル装置を使用しての潜水渡河を可能とするための各部の防水処置など、多くの特徴があり、あらゆるT-34/85のなかで、もっとも大がかりな改修が施された車両である。

　その他の国でもT-34/85に国独自の改修を施しており、たとえばブルガリアでは、装填手用ハッチを、全周旋回が可能な対空機銃架を備えたタイプに交換している。

訳注26：T-34/85用履帯の幅は500mm、T-55用は580mm。

ソ連軍は戦後になってからも残存するT-34/85に二度の大改修を施し、それぞれ、1960年型と1969年型と呼ばれる。写真はT-34-85 1969年型で、予備燃料タンクの取り付け架が補強され、新型のスターフィッシュ転輪を装着している。またこの車両のように、車体左側に操縦手用赤外線前照灯が装備されたため、本来、そこにあった白色光の前照灯が車体右側へと移動している車両も多い。このT-34/85は前後に1個ずつのベンチレーターカバーがある合成砲塔を搭載している。

TECHNICAL SUPPORT VARIANTS
後方支援用の派生型

　ソ連軍は次第に時代遅れになっていくT-34のシャシーを、多くの後方支援用の派生型へと改造する作業も始めた。もっとも簡単な改造型は、砲塔を外して砲塔旋回リングの穴を鋼板で塞ぎ、そこにハッチか司令塔を取り付けた牽引車であった。第二次世界大戦中、この牽引車への改造作業は修理部隊が担当していたが、戦後になり、正規の部隊編成が始まると、このT-34-T（T＝tyagach、トラクター）と呼ばれていた即席の牽引車は装備から外されてしまった。

　1955年に「SPK-5自走式クレーン」と呼ばれる、本格的な支援車両が開発された。この自走式クレーンは砲塔を外したT-34に、10トンの吊り上げ能力があるクレーンを付けた車両であった。この車両は戦車修理部隊で、エンジンやトランスミッションのような重い構成部品の吊り上げ作業に使用された。のちに、この車両には油気圧式および電動式の補助動力装置付のクレーンが導入され、「SPK-5/10M」へと改造された。

　T-34/85を改造した後方支援車両としては、決定版というべき「T-34-TO（TO＝tekhnicheskoe obsluzhivanie、保安修理）」は、1958年に開発された。この車両は豊富な工具と修理設備を備えており、それまでの後方支援車両よりも、かなり充実した修理整備能力をもっていた。エンジンデッキ上に作業用プラットホームが装備されているので、識別も容易である。また、軍以外でも、森林伐採や建設作業などに携わる一般の国営企業が、その使用目的に合わせてさらに改造を施した車両も多数存在した。

　ポーランドとチェコスロヴァキアの両国は、T-34/85をベースとした独自の装甲回収車を製造した。チェコスロヴァキアは、旧式となったT-34/85からの改造ではなく、完全新規に装甲回収車を製造した唯一の国であった。この装甲回収車は「VT-34」と命名され、大きな30トンウインチを内蔵した固定式の上部構造物を車体前半部に設置し、2名の乗員が乗り込んだ。VT-34のレイアウトがドイツのベルゲパンターに影響されたのは明らかで、車体の後部には、ドイツ風デザインの駐鋤（スペード）が装備されている点からも、それがわかる。

　ポーランドの装甲回収車である「CW-34」は、VT-34を基本としたいわば派生型であった。1960年代になると、ポーランドは第一線から外されたSU-85、SU-100やT-34/85を改造して「WPT-34修理回収車」とする作業を始めた。WPT-34は野戦修理を支援するためにクレーンを装備していた。

　東ドイツの国家人民軍（NVA）でも、砲塔旋回リング上にウインチを搭載した、チェコのVT-34とソ連のT-34-TOの折衷型ともいうべき、独自の装甲回収車を開発している（訳注27）。

　ポーランドとチェコスロヴァキアの両国は、T-34/85の車体を流用した自走式重クレーンを試作したが、量産はされなかった。

　チェコスロヴァキア軍は、T-34/85をベースとした独特の装甲架橋戦車を装備していた。この架橋戦車は、新型の「PM-34」二つ折鋏式橋を使用し、1951年からCKD社のソコロヴォ工場で開発が始まった。制式採用された後に名称を「MT-34（MT＝mostny tank、架橋戦車）」とされ、1950年代後半にノヴィ・イイチン戦車修理工場で、少数のT-34/85から改造された。

訳注27：この東ドイツ独自の装甲回収車とは「T-34TB」である。

T-34-85 IN POST-WAR COMBAT
大戦後の戦争におけるT-34/85

　圧倒的というべきT-34/85の生産数からすれば、売却または供与された国々が30カ国以上におよんでも何ら不思議ではない。掲載したリストは判明しているかぎりでT-34/85を使用した国々を示している。すでにその多くは予備役もしくは、退役の境界線にいるが、驚くべきことに20カ国以上の軍隊はまだ現役で使用している。1990年代に入っても、T-34/85を使っている国々については、リスト上において＊印で表示した。

　T-34/85を部隊装備として使っている国は、発展途上国とは限らない。ワルシャワ条約機構崩壊後の1990年の時点で、ルーマニア軍はまだ1060両のT-34/85と84両のSU-100を部隊配備していた。ブルガリアも670両のT-34/85と173両のSU-100を保有し、ハンガリーにも72両のT-34/85があった。さらに、ポリサリオ戦線(訳注28)やパレスチナ解放機構（PLO）を含む、いくつかの武装ゲリラ組織にも提供されている。イスラエルと南アフリカを含むいくつかの国々は、戦闘でT-34/85を捕獲しているが、それを自軍の装備として使用したようすはない。

■ T-34/85を採用した各国

ワルシャワ条約機構加盟国
ブルガリア＊
チェコスロヴァキア＊
東ドイツ（DDR）
ハンガリー
ポーランド
ルーマニア＊
ソヴィエト連邦

ヨーロッパ
アルバニア＊
オーストリア
キプロス
フィンランド
ユーゴスラヴィア＊

中東
エジプト＊
イラク
レバノン＊
リビア＊
シリア＊
北イエメン（YAR）
南イエメン（PDRY）＊

アジア太平洋地域
アフガニスタン＊
中国（PRC）＊
北朝鮮（DPRK）
ラオス
モンゴル
ヴェトナム＊

アフリカ
アルジェリア＊
アンゴラ
コンゴ
赤道ギニア＊
エチオピア＊
ギニア
ギニアビサウ＊
マリ＊
モザンビーク
ソマリア＊
スーダン
トーゴ＊
ジンバブエ＊

その他
キューバ

＊1996年当時も使用中

朝鮮戦争
The Korean War

　1950年の朝鮮戦争ほど、T-34/85が兵器として中核戦力になったことはない。1950年6月に、北朝鮮（朝鮮民主主義人民共和国）人民軍（NKPA）が韓国へ侵攻したとき、韓国は装甲車両をほとんど保有していなかったので(訳注29)、北朝鮮軍のT-34/85は、無敵兵器であった。

　現代の眼からすれば取るには足らないが、1950年当時の北朝鮮の戦車戦力は、ソ連軍を除いては、アジアで最強であった。米軍はわずかのM24チャーフィー軽戦車中隊を日本に置いているだけで、また、中国の戦車部隊は、捕獲した日本戦車と供与されたアメリカ戦車が、合計で20～30両程度あるだけの雑多な集団に過ぎなかった。

　北朝鮮の第105戦車旅団は1949年10月にT-34/85の完全配備を受けており、各40両のT-34/85を装備する3個連隊(訳注30)で編成されていた。1950年の侵攻開始の時点で、北朝鮮人民軍は258両のT-34/85を所有していたが、この約半数が、第105戦車旅団に配備され、残りが、編成中のさまざまな連隊と大隊に回された。

　北朝鮮軍は、韓国侵攻の先鋒として、第105戦車旅団を使った。韓国は、非常に山の多い地形なので、旅団は単一部隊としては戦わず、歩兵師団を支援するために各連隊ごとに

右頁上●T-44はT-34/85の後継戦車である。T-44の砲塔はT-34/85と多くの類似点をもっているが、実際にはまったくの別物で、細部の多くが異なっている。この写真はモスクワ市内の南西部にあるポクロンナヤ丘の大祖国戦争勝利記念公園に展示されている、戦後改修型のT-44Mである。この車両は、まだ、オリジナルの幅が狭い履帯を装備しているが(＊)、転輪は、1969年の改修で導入されたスターフィッシュ型になっている。(＊訳注：著者のいうオリジナルとは、大戦中の履帯という意味ではない)

訳注28：旧スペイン領西サハラの独立を目指す組織。同地域においてサハラ・アラブ民主共和国の独立を一方的に宣言した。

訳注29：開戦時の韓国軍は装甲車27両を保有するだけで、戦車は1両もなかった。

訳注30：第107、第109、第203連隊。

訳注31：この行の原著者の記述には、かなりの混乱が見られる。たしかにサチャンニは韓国最西部の甕津（オンジン）半島にあり、半島には韓国第17歩兵連隊もいた。しかし、北朝鮮第109戦車連隊は、正反対のもっとも東部から韓国に侵入しており、このふたつの部隊が6月25日に戦闘することはあり得ない。

訳注32：原書では'Unification' Highway＝「統一」高速道路、とあるがここでは一般的な京義本道（かつてソウルと平壌を結んだ）と表記した。

訳注33：60mm M1ロケットランチャー。成形炸薬弾の口径が60mm。

訳注34：第21歩兵連隊第1大隊長チャールズ・B・スミス中佐が指揮する支隊は、烏山北方の高地に歩兵陣地と砲兵陣地を展開して、北朝鮮軍に備えていた。この支隊に装甲車両は1両もなく、2門の75mm無反動砲、2門の107mm迫撃砲、5門の105mm榴弾砲が装備のすべてであった。なお、第107戦車連隊がスミス支隊と遭遇したとき、T-34/85は35両あり、2両が戦闘で破壊され、33両になったとする説もある。

訳注35：怒濤の進撃を続ける北朝鮮軍は、7月末には、釜山(ブサン)周辺以外の朝鮮半島全域を制圧したため、国連軍はこの最後に残された地域を「釜山円陣」と呼び、最終防衛線と決めた。

SU-100は、従来のSU-85駆逐戦車よりも戦闘室内部を拡張するために、戦闘室側面に車長用キューポラを張り出すように取り付けた。このSU-100は、ポズナンニにあるポーランド戦車士官学校に展示されている生産型で(*)、のちの生産型では取り付けられる戦闘室右側面前端の大型収容箱がない。(*訳注：写真の車両はSU-100ではなく、唯一現存するSU-85Mの車である)
(Janusz Magnuski)

分けられた。第109戦車連隊は第3歩兵師団を支援し、韓国最西部のサチャンニ(現・北朝鮮)で1950年6月25日の午前5時に攻撃を開始し、大韓民国軍の第17歩兵連隊を制圧した(訳注31)。

一方、北朝鮮第1歩兵師団を支援する第203戦車連隊は、開城(ケソン)とソウルを結ぶ京義本道(訳注32)上を進軍し、開城で、韓国第1歩兵師団に属する第12歩兵連隊を打ち破り、次いで、高浪浦(コランポ)に近い臨津江(イムジンガン)の浅瀬で第13歩兵連隊に圧勝した。

北朝鮮第4歩兵師団を支援する第107戦車連隊は、漣川(ヨンチョン)～ソウル街道上を進み、韓国第7歩兵師団の数個部隊を撃破した。

韓国軍は北朝鮮の侵攻前に、対戦車訓練を一切、行なっていなかったうえに、彼らの装備していた57mm対戦車戦車砲と2.36インチのバズーカ砲(訳注33)は、T-34/85にまったく歯が立たず、完全に兵士の士気を削いでしまった。絶望のなかにあっても、韓国軍のいくつかの歩兵部隊は、手榴弾を括り付けたNT爆薬ブロックや手製爆弾の肉薄攻撃で、なんとかT-34/85をくい止めようと努力した。しかし、多くの歩兵部隊は決定的な対抗手段がなかったため「戦車パニック」に陥り、韓国軍は総崩れ状態になった。

7月5日に、日本から急遽派遣された米軍部隊と北朝鮮軍が、戦火を交えることになった。米軍第24歩兵師団のスミス支隊が、烏山(オサン)近郊で、第107戦車連隊の33両のT-34/85と戦闘になったのである(訳注34)。支隊が装備した火砲とバズーカではT-34/85に効果がなく、スミス支隊は、甚大な損害を受けた。7月には、北朝鮮の勝利において中心的な役割を果たした第105戦車旅団を称えて「第105ソウル戦車師団」の名誉称号が与えられた。北朝鮮人民軍は、すでに米軍が到着している釜山(ブサン)円陣(訳注35)まで南進し続けた。

7月10日に忠州近郊で、第24歩兵師団を支援する第78戦車大隊のA中隊のM24軽戦車が、T-34/85と交戦したが、これが朝鮮戦争で最初の戦車戦となった。M24は数発の砲弾を命中させたが、75mm砲では、T-34/85の正面装甲を貫通することが不可能であった。当初、同中隊のM24は14両だったが、最初の数週を生き残ったのは、たったの2両だけで、同大隊の他の2個中隊も、戦車の数は十分の一になってしまった。このありさまから、米軍の司令部は戦車に対する信頼をすぐに失って、代わりに、優れた対戦車兵器を本国に緊急要請した。こうして、7月中旬に3.5インチの「スーパーバズーカ」(訳注36)が韓国へ空輸されたのである。

　7月20日、米軍第24歩兵師団は大田にて、初めてスーパーバズーカを使用した。師団長のウィリアム・F・ディーン少将は、大田市内の路上で自ら対戦車チームの指揮を行い、新型バズーカを使えば、それまで歯が立たなかったT-34を撃破可能であると彼の部隊に確信させた。北朝鮮軍は大田の戦闘で15両あまりの戦車を失ったが、これより前の戦闘で、これだけの数が撃破されたことは一度もなかった。しかし、損害こそ出したものの、北朝鮮軍は戦車を効果的に運用し、難なく街を占領した。

　7月23日に金川で、もう数両のT-34/85が、地雷原と第27歩兵連隊「ウルフハウンド」との流血の戦闘の末にバズーカで撃破された。これは北朝鮮軍の戦車攻撃が米軍歩兵によって阻止された、最初の戦闘であった。6月の侵攻開始から8月までに、第105戦車旅団は約40両の戦車を失ったが、国連軍機による対地攻撃と機械故障によって、その損害数はさらに増えつつあった。

　M4A3E8中戦車とM26パーシングを装備する米陸軍と海兵隊の戦車大隊は、8月初めから釜山円陣に到着し始め、北朝鮮軍の前進を阻止するために前線に急投入された。1950年8月17日に、釜山円陣のなかの洛東江突出部にある、霊山付近で、北朝鮮第107戦車連隊の縦隊は、臨時第1海兵隊旅団の防御陣地への攻撃を開始した(訳注37)。

　T-34の先頭車はバズーカ砲で撃たれたが、効果はなかった。しかし、方向変換したところで、海兵隊のM26パーシングと、有効射程距離内で正面から遭遇する羽目になった。それまでの戦闘で米軍戦車を圧倒し続けて、相手を見くびり切っていた北朝鮮の戦車兵は、無謀にもT-34を前進させた。落着きはらった海兵隊の戦車兵は、T-34に強烈なパンチを食らわせた。突進してくる戦車に2発の90mm砲弾を撃ち込んだのである。すぐにT-34/85は激しい弾薬火災を起こした。後続する二番目の戦車には、何発もの砲弾が無反動砲とバズーカから撃ち込まれたが、2両のM26パーシングからほぼ同時に撃たれて、最終的に爆発した。三番目のT-34も似たような状況で、砲弾を撃ち込まれた。最後のT-34は後退して逃げたが、国連軍機の対地攻撃によって撃破された。これ以後、かつては「無敵」と呼ばれたT-34/85は「キャビアの缶詰」として嘲笑されることになった。

上●1990年5月にモスクワで挙行された、対独戦勝45周年記念式典に参加するSU-100 1969年型。戦時中に生産されたSU-100に見えるが、スターフィッシュ型転輪への換装や、燃料ポンプ用収容箱への操縦手用赤外線前照灯の追加など、1969年型の改修が施されている。

下●SU-100 1969年型は、この写真のルーマニア軍を含む数ヵ国の軍隊で、まだ使用されている。このSU-100は、車体後部の200リッター燃料ドラム缶取り付けラックや、戦闘室側面の燃料ポンプ用収容箱と牽引用ケーブルの止め金具などの、1969年型の特色が多く見受けられる。

訳注36：89mm M20ロケットランチャー。成形炸薬弾の口径が89mm。

訳注37：原著者は、第107戦車連隊と臨時第1海兵隊旅団が対峙した場所を倭館(ウエガン)としているが、そこで戦ったのは、北朝鮮第3歩兵師団と米軍の第1騎兵師団であり、地名を誤認していると思われる。本書では、史実に基づき、霊山とした。

T-34を基本とする回収車で、もっとも基本となる車両は「T-34-T」で、単に砲塔を外して、砲塔旋回リングの穴を鋼板で塞ぎ、簡単なハッチを取り付けているだけだった。この車両は牽引や、戦車以外の回収作業にも使われた。この車両の一部は、旧ワルシャワ条約機構加盟国でいまだに運用されており、この写真の特殊車両（＊）は1990年に撮影された。
（＊訳注：写真は東ドイツ軍のT-34T。東ドイツは1984年の時点で、T-34TとT-34TB装甲回収車を30両以上も保有していたという）

訳注38：「ボーリング場の戦闘」と呼ばれる、この戦闘は、8月18日の夜から始まっており、原著の27日からというのは、誤植か誤解であろう。

　8月27日の夜に北朝鮮軍は、その最後の大攻勢を開始した。多富洞(タブドン)付近の「ボーリング場」の道路沿いに陣地を構えていた歩兵部隊へ、T-34/85が突入してきたのである。歩兵部隊はM26パーシングを装備する第73戦車大隊のC中隊に支援されていたので、北朝鮮軍の攻撃は2日間の戦闘で頓挫し、13両のT-34/85戦車と5両のSU-76M自走砲が撃破された(訳注38)。

　連合軍による1950年9月15日の仁川(インチョン)上陸で、北朝鮮軍はその側面を襲われたかたちとなり、北部への急撤退を余儀なくされた。朝鮮戦争で激しい戦車戦が展開されたのは、1950年8月から10月までのことで、1950年11月以降は、装甲車両が衝突するいかなる戦闘もなかった。さらに、その後、参戦した中国義勇軍の戦車とは、大した戦闘はなかった。

　米国戦車は97両のT-34/85を撃破し、さらに撃破未確認の戦車が18両あった。一方で、合計34両の米国戦車が北朝鮮の戦車に撃破され、そのうちの15両は完全に破壊された。一般にT-34/85は米軍戦車よりも車両火災に弱かった。また、米軍の中戦車はいずれもT-34/85の装甲を貫通可能であったが、T-34/85にとってM26やM46戦車の装甲を貫通するのは容易ではなかった。米軍の調査によれば、撃破されたT-34/85の戦車兵の死亡原因の75パーセントが、車両火災であった。T-34に破壊された米軍の中戦車の場合、車両火災による死者は全体の18パーセントに過ぎない。この数字の差は、車両火災を起こすまで、何発も砲弾を撃ち込まないと敵戦車の撃破を確信しないという、米軍の習慣も理由のひとつであった。

　米軍の一般的な見解では、もしも北朝鮮の戦車兵が米軍の戦車兵に匹敵する程度の訓練がされているなら、T-34/85は優秀な戦車であった、としている。戦闘能力に関しては、T-34/85とM4A3E8は、ほぼ互角とされた。M4A3E8は主砲の口径こそ小さいものの、T-34/85の装甲を貫通できるHVAP砲弾（硬芯徹甲弾）を充分に供給されていた。一方、T-34/85は通常の戦闘距離であれば、M4A3E8の装甲を難なく貫通できた。これとは対照

戦後の回収車でもっとも精巧な車両は、チェコスロヴァキアのVT-34であった。大型の上部構造物には、ウィンチとケーブルドラムが内蔵されていた。VT-34は写真のように若干の改修を受け、CW-34としてポーランド軍でも使用された。
（Janusz Magnuski）

的に、M26とM46は明らかに強敵であった。どちらの戦車も、T-34/85より厚い装甲と強力な火力を備えており、多くの点でM26とM46は、T-34/85中戦車よりはむしろ、IS-2Mスターリン重戦車に匹敵した。

中東での戦闘
Mid-East Combat

朝鮮戦争は、T-34/85が世界に大きな衝撃を与えた最後の戦闘であった。1950年代前半までに、かなりの数のT-54Aが生産されたため、T-34/85は徐々に旧式装備になっていった。しかし、1950年代から60年代に繰り返された中東の紛争では、T-34/85が広く使われた。イギリスとフランスに対するエジプト、シリア、イラクといったアラブ諸国の民族意識の高まりは、ソ連への急接近を促した。エジプトはソ連の承認を受けて、チェコスロヴァキア政府に戦車の大量発注を行い、1956年からT-34/85とSU-100を受け取り始めた。同年、スエズ戦争が勃発したが、注文した大部分の戦車は到着が遅れて実戦への大量投入はできず、間に合った一部のみが、イギリス・フランス軍と交戦したに過ぎなかった。同時期に、シリアはソ連から直接T-34/85を受け取り始めた。

1967年の6日間戦争(訳注39)の際も、多数のT-34/85がシリアとエジプトの両軍で使われたが、最前線の戦車部隊はすでにT-54Aに更新されていた。エジプト軍の第4機甲師団は、まだ部分的にT-34/85を装備していたが、大部分は歩兵部隊を支援する戦車連隊に配備されていた。結局、エジプトはシナイ半島で敗北し、251両のT-34/85と51両のSU-100を失った。一方、シリア軍の損害はほんのわずかで、ゴラン高原の防衛戦で、7両のSU-100と、同程度のT-34/85を失ったに過ぎなかった。

エジプト軍のT-34/85が実戦投入されたのは、シナイ半島だけではなかった。1962年から1967年のイエメン内戦における、エジプト軍にとっては不運な武力干渉にも使用された(訳注40)。イエメンのT-34/85はその後のクーデターや、北イエメン(YAR)と南イエメン(PDRY)との内戦でも使われている。のちにエジプトは、チェコスロヴァキア製のT-34/85

1960年代に多くのT-34/85が退役したのち、ポーランド軍のWITPiS(＊)は、余剰となった少数のT-34のシャシーを流用して、WPT-34装甲回収牽引車に改造した。写真の車両は、ワルシャワ近郊のポーランドの軍博物館で現在も保存されているが、特殊工具の多くが失われているので、新造された上部構造物の形状が鮮明にわかる。(訳注：WITPiSとは、「自動車・戦車技術調査センター」(CBTPiS)を前身として、1965年に発足した「自動車・戦車軍事技術研究所」のことで、ポーランド陸軍で使用される戦車や車両の性能調査や特殊車両の開発を行う)

訳注39：第三次中東戦争。

訳注40：王制であったイエメンは、1962年の軍事クーデターで国王を追放し、共和制を宣言したものの、サウジアラビアとヨルダンが旧国王を支援し、エジプトが共和制を支援したことで国際紛争に発展した。

1950年代初期にポーランドとチェコスロヴァキアで生産されたT-34/85は、ソ連製よりも、遙かに滑らかな鋳造肌の砲塔で区別できる。その他に、砲塔形状自体にも、いくぶんの差異がある。このチェコスロヴァキア生産型のT-34/85は、1960年代に近代化改修を受けており、前照灯が通常のソ連製でなく、チェコ製の灯火管制式のノテックライトに変更されている。この車両は、東ドイツ軍(NVA)で使用されていたが、のちに、カナダのオタワ近郊のボーデン基地内にある戦車博物館に寄付された。

の不足を補充するために、直接、ソ連からT-34/85を受け取っている。

1973年のヨム・キプール戦争(訳注41)までには、T-34/85は最前線部隊から外された。シリア軍では固定砲台としてわずかなT-34/85を使っていたが、戦車部隊と機械化部隊は、ほぼ完全にT-54/-55またはT-62に装備を更新していた。また、シリア軍は一部のT-34/85の砲塔を外し、ソ連製の122mm榴弾砲D-30を搭載して自走砲に改造した。

これに続いて、エジプト軍も1970年代後半に、急造砲塔に122mm榴弾砲D-30、もしくは100mm野砲BS-3を搭載した改造型のT-34を製作した。

イラクは1959年に、T-54AとともにT-34/85をソ連から購入し始めたが、1980年に、イランとの戦争が勃発したときには、T-34/85は前線部隊から外されていた。しかし、激しい損害を被ったいくつかの戦車部隊では、これらの旧式兵器を戦闘に使うこともあり、その多くは、近代化改修が施されたT-34/85 1969年型であった。

レバノンにおける泥沼の戦闘でも、いくつかの武装ゲリラ組織はT-34/85を使用した。パレスチナ解放機構(PLO)は、ハンガリーからおよそ60両のT-34/85を受け取った。

アジアの紛争におけるT-34/85
The T-34-85 in Asian Conflicts

朝鮮戦争の停戦後、アジア・太平洋地域でT-34/85が使われた戦闘は、しばらくなかった。北ヴェトナム軍(NVA)は、ヴェトナム戦争中、数多くのT-34/85部隊をもっていたが、すでに旧式化した戦車なので、実戦での使用はきわめて少ない。1972年のクアンチ攻勢では少なくともT-34/85の1個連隊が、非武装地帯(DMZ)付近の戦闘に参加しているが、B-52の爆撃によって一掃されたらしい。少なくとも南ヴェトナム軍の捕獲した1両のT-34/85は、85mm砲を搭載した鋳造砲塔の代わりに、

ポーランド軍はT-34/85を二段階で近代化したソ連のプログラムに倣い、T-34/85M1とT-34/85M2を完成させた。写真のT-34/85M2は、ワルシャワ条約機構加盟国のなかでは、もっと大がかりな改修が施されており、シュノーケルを使って、潜水渡河も可能であった。シュノーケルパイプは車体の左側面に取り付けられており、主砲防盾は防水カンヴァスで保護されている。ラベディで製造されたポーランド製特有の滑らかな鋳造肌の砲塔を搭載している。
(Janusz Magnuski)

訳注41:第四次中東戦争、1973年10月6日に開戦。この日はユダヤ教の暦における大贖罪日「ヨム・キプール」にあたり、ほとんどのイスラエル人は自宅で休息していた。また、同月はイスラム教徒にとって「ラマダン」、断食月であったため、イスラエルはアラブ諸国が戦争を始めることはありえないと判断していたところを、エジプト、シリア両軍に攻撃された。

1969年の近代化プログラムのなかには、車体後面に200リットルの燃料ドラム缶用搭載架の追加もあった。この写真はポーランド軍のT-34で、燃料ドラム缶用搭載架の上方に発煙筒装着架がある。ソ連のT-34では、BDSh発煙筒の装着架は廃止されるか車体左側面に移動している。

41

オープントップの作りの悪い砲塔を搭載し、そこに中国製の63式37mm対空砲を連装で装備した即席の対空自走砲に改造されていた（訳注42）。

　1979年2月、ヴェトナムは中国との国境紛争で少数のT-34/85を使用し、少なくとも1両が捕獲された。現在、その1両は北京の軍博物館に展示されている（訳注43）。

　最後に、1980年代のアフガニスタン内戦でアフガニスタン民主共和国軍は、イスラム教徒ゲリラへの攻撃にT-34/85を多用した。また、機関故障などで不動車となったかなりの数のT-34/85が、固定砲台がわりに使われた。

アフリカの紛争におけるT-34/85
The T-34-85 in African Conflicts

　T-34/85が生き長らえた最後の地域は、アフリカであった。1970年代まで、サハラ以南の大部分のアフリカ諸国は、戦車がまったく不足しており、他に選択の余地がなかったからである。この時、マルクス主義を掲げる多くの政府は、ソ連から供与される装備で軍の近代化を図った。

　エチオピア軍は、エリトリア反政府軍との戦闘で、多数のT-34/85を使用したが、反政府軍は多くのT-34/85を捕獲し、元の持ち主であるエチオピアに対してそれらを使った。1977年のエチオピア・ソマリア紛争でもT-34/85は使用され、ソマリア国内の終わりなき内戦でも使われた。

　ソ連は独立直後のアンゴラ政府軍（FAPLA）に、1975年からT-34/85の供給を始めた。同年の秋から、社会主義を掲げるアンゴラ政府軍と、ジョナス・サヴィンビの率いる反政府軍（UNITA）とのあいだで、流血の内戦が勃発した。ザイールから供給された反政府軍のパナールAML-90装甲車は、少なくとも1両のT-34/85を撃破している。このAML-90装甲車を操縦していたのは、南アフリカ共和国の軍事顧問要員であった。

　1980年から81年には、アンゴラ政府軍（FAPLA）のT-34/85が、南アフリカ共和国と戦っていたナミビア人民解放軍（PLAN）の支援に使われた。南アフリカは、ナミビアの地を「南西アフリカ」と呼び、自国領土として支配していたのである。1981年の「プロテア作戦」に数両が初投入された。少なくとも2両のT-34/85が、南アフリカ国防軍（SADF）のラテル90装甲車との交戦で破壊され、8両が捕獲された。

T-34/85はPT-34地雷処理装置を装着でき、これらの車両は攻撃の際に敵の地雷原突破を任務とする特別戦車連隊に装備される。写真のPT-34地雷処理装置は戦後型で、ポーランド軍のT-34/85に装着されている。（Janusz Magnuski）

訳注42：最近、この対空自走砲は中国製であることがわかった。

訳注43：珍しいことに、この展示車両はポーランド製のT-34/85M2である。

1980年代初期、アンゴラ政府軍とキューバ軍にとってT-34/85は、反政府ゲリラ(UNITA)や南アフリカ国防軍(SADF)と戦うための大事な装備であった。しかし、1987年にあった、大がかりな戦車戦までには、ともに戦い続けたT-34の大部分は、ソ連から供給されたT-55とT-62に更新された。T-34/85は、対戦車装備をもたない歩兵部隊との戦闘なら問題ないが、訓練が行き届いた部隊や、多目的装甲車を装備する南アフリカ軍のような部隊が相手だと、歯が立たないことが判明した。1980年代と1990年代に、ローデシア軍（のちのジンバブエ）によって少数のT-34/85が、反政府ゲリラ（FRELIMO）との戦闘に使われた。

その他の地域での戦闘
Combat in Other Regions

T-34/85は、地球上の数多くの紛争地域で使用された。1956年のハンガリー動乱の際には、ハンガリー政府側のわずかな軍人が、侵入してきたソ連軍相手にT-34/85で絶望的な戦闘を行った。1974年8月のキプロスにおけるトルコの武力干渉である「アトリア」作戦で、ギリシアのキプロス国境警備隊は、ユーゴスラヴィアから供給された少数のT-34/85で抵抗した。

1990年代前半のユーゴスラヴィア崩壊後、残っていたT-34/85は、各武装グループに分けられた。在ボスニアのセルビア軍(BSA)が、T-34/85を多用し、応急に作った追加装甲を取り付けた車両もあった。

ラテンアメリカでは、T-34/85が戦闘でほとんど使われていない。1960年代初期からキューバに少数のT-34/85とSU-100の供与が始まった。1961年4月、アメリカの支援を受けた反革命軍が、キューバのピッグス湾への上陸作戦を行ったが失敗に終わった。このときに、反革命軍のM41軽戦車とキューバ政府軍のT-34/85とSU-100のあいだでいくつかの小規模な戦闘があった。上陸作戦自体は失敗であったが、M41は、この数少ない戦車戦に勝利した。

1949年に、ユーゴスラヴィアはT-34/85の独自の派生型である「Teski Tenk Vozilo A（重戦車A型）」の製造を計画したが、計画が頓挫する前にたった7両が生産されただけであった。ユーゴスラヴィア独自のT-34/85は、オリジナルよりもかなり洗練されたデザインであったが、その砲塔と改良された車体前部のために、内部容積は不足していた。
(Janusz Magnuski)

カラー・イラスト解説 The Plates

（カラー・イラストは25-32頁に掲載）

図版A1: T-34/85 1943年型　第53軍第38独立戦車連隊　ウマンスコ・ボトシャンクスキイ作戦　1944年3月29日

　1944年冬、実戦に初投入されたT-34/85部隊の1両である。ルーマニアとウクライナ国境付近の幹線道路が集中するバルタ周辺で、イヴァン・A・ゴルラッチ少佐が指揮する連隊は、1944年3月15日に19両の新しいT-34/85と21両のOT-34火焔放射戦車を贈られた。この部隊の戦車の砲塔には、ドミトリイ・ドンスコイという名前が書かれていたが、1380年にクリコヴォでタタール人を打ち破った伝説的なモスクワ大公（1359～1389年）にちなんでいる。ロシア正教会からの寄付が戦車の購入資金となったため、1944年3月15日に行われた戦車の部隊引き渡し式典には、ニコライ府主教が招かれた。「教会の寄付によって購入された戦車の数両には、ロシア正教会の十字架が描かれていた」という記載が以前からあるが、証拠となる写真は残っていない。この戦車は通常のダークグリーンの全面塗装の上に、ところどころ禿げた白色迷彩が施されている。

図版A2: T-34/85 1945年型
第10親衛戦車軍団第63親衛戦車旅団　プラハ　1945年

　第10親衛戦車軍団「ウラル義勇兵」は、1944年3月からT-34/85への装備更新が開始された。この戦車の車長は

I・G・ゴンチャレンコ中尉で、1945年5月に、最初にプラハへ入城した車両である。同軍団に属する3個旅団は、それぞれが幾何学的なマーキングを施されており、第61親衛戦車旅団はマーキングの中央部の縦棒が1本、第62親衛戦車旅団は2本であった。ゴンチャレンコの戦車は、プラハの市街戦でヘッツァーに撃破されたが、彼の武勲を称えるべく、記念のモニュメントが建てられた。ただ、残念なことに、ゴンチャレンコを記念する戦車として選ばれたのは、IS-2 1944年型で、車両番号も「1-24」ではなく、誤って「23」と描かれてしまった。もっとも、市民はこの「23」という数字は、予言だったと噂した。1945＋23＝1968、この年「プラハの春」に終止符を打つべく、ソ連の戦車がふたたび入城してきたのである。

IS-2のモニュメントは、その後も同じ場所に残され続けていたが、1990年代初めに地元の無政府主義グループがピンク色に塗り替えてしまった。これに対してロシア政府から猛烈な怒りの抗議がよせられたので、ダークグリーンに再塗装されたが、もう一度ピンク色に塗られたため、チェコ政府はこれ以上ロシア大使館からの抗議が繰り返されてはたまらないと、結局、この戦車を軍事博物館に移してしまった。

図版B: T-34/85 1944年型
第7親衛戦車軍団第55親衛戦車旅団
ベルリン　1945年4月

この戦車にはベルリン戦における典型的なマーキングが施されている。1945年3月に、連合国は「味方の航空機による誤爆」を防ぐために、戦車に共通の識別マークを施すことで同意した。これは、ユーゴスラヴィアで英米の戦闘爆撃機が、ソ連軍の縦隊を誤爆した事故があったからである。かくしてソ連軍の戦車は、砲塔側面に白帯と砲塔上面に白十字を描き込むことになった。この戦車は車両番号の「36」と、有名な19世紀のロシアの将軍である「スヴォーロフ」の

左頁上●1950年9月3日から4日の霊山近郊の戦闘で、アメリカ海兵隊の第1戦車大隊のM26パーシングに撃破された、北朝鮮軍第16戦車旅団の2両のT-34/85。北朝鮮人民軍に供与された大部分のT-34/85は1946年に製造されている。写真のT-34/85は両方とも一般的な鋳造砲塔を搭載しており、手前の車両はスポークパターンの鋳造転輪を部分的に装着している。(USMC)

左頁下●これも霊山近郊で撃破された第16戦車旅団の別のT-34/85で、おそらく、航空機からのナパーム弾攻撃を受けたのであろう。この写真で合成砲塔の後部下端が平滑になっているようすがよくわかる。さらに、戦後型の特徴である、前後に1個ずつのベンチレーターカバーも見受けられる。(USMC)

右●1956年、スエズ運河の奪回をかけた戦闘である「マスケッティア（Musketeer＝マスケット銃士）」作戦で、英仏連合軍に捕獲された、エジプト軍のT-34/85。チェコスロヴァキア製で、この時点ではごく少数がエジプトに到着したばかりだった。チェコスロヴァキア製T-34/85は、この写真では外装式予備燃料タンクの下にわずかに見えている、歩兵部隊用の車内連絡ボタンの装甲カバーや、滑らかな鋳造肌の砲塔、独特の前照灯防護カバーなどの特徴から区別することができる。

下●イスラエル軍も1956年の戦争で、このエジプト軍のSU-100駆逐戦車のように、少数の新しいチェコスロヴァキア製装甲車両を捕獲している。1956年にイギリス軍に捕獲されたSU-100は、ボーヴィントン戦車博物館に現在も展示されている。一方、イスラエル軍に捕獲されたもう1両のSU-100は、性能調査のためにアメリカに送られ、現在、メリーランド州のアバディーン兵器試験場内にある博物館に展示されている。
(Israeli Government Press Office)

名前を描いている。第7親衛戦車軍団は、その配下の3個親衛戦車旅団の戦車に、共通の戦術マーキングを施した。これは同心円で構成されており、各戦車旅団は同心の円の数で順番に数えられる。第54親衛戦車旅団はただ一重の円で、第55親衛戦車旅団は二重円、第56親衛戦車旅団は三重円となっており、戦車の乗員たちは、より明白に識別できるように円の外側に旅団番号を描いていた。この塗装図ではわからないが、戦車は戦術マークの円印を砲塔後面の右上方にも描き込んでいる。砲塔前部の車両番号の上の白十字は、砲塔上面に白十字を描き込むとした通達を誤って解釈したのかもしれない。

1945年4月後半、ソ連軍が白十字を描いた数両のドイツ戦車を捕獲したため、この対空識別用マーキングは再考されることになった。そして、1945年4月29日に白帯と白十字は廃止され、同年5月1日からすべてのソ連の装甲車両は、白い三角形を描き込むこととされた。しかし、この新しい対空識別用マーキングを施した車両は、多くはなかった。

図版C: T-34/85 1945年型　第6親衛戦車軍　大興安嶺（大シンアンリン山脈）　満州　1945年8月

1945年の関東軍に対するソ連軍の攻撃は、ドイツとの戦闘が終結したヨーロッパ戦線から戦車を急送し、戦力を大幅に増強して発動された。これらの部隊は、1945年の春季作戦から使われたマーキングを引き続いて使用している例が多かった。満州では、多くの戦車は幅広い白帯を対空識別用マーキングとして、砲塔と車体の中心線上に塗っていた。砲塔後面に車両番号がある場合には、白帯のその部分が途切れて描かれた。ソ連戦車のマーキングとしては典型的である白い3桁の車両番号と、白円の真ん中に1本の線が入った旅団マークを描いているが、どこの旅団なのかは不明である。

図版D: T-34/85 1945年型　北朝鮮人民軍　第105戦車旅団　韓国　ソウル　1950年7月

T-34/85の内部レイアウトは、大部分が以前のT-34を継承していた。大きな差異は大型化された3人用砲塔で、砲

左●1956年にエジプト軍から捕獲された少数のT-34/85は、再塗装されて勝利記念パレードのごく短期間だけ、イスラエル軍で使用された。知られている限りでは、イスラエル軍は戦闘ではT-34/85をまったく使っていない。
（Israeli Government Press Office）

下●T-34/85は1950年代半ばにシリアに到着し、さまざまな車両とともに部隊を編成した。写真のシリア軍装甲部隊では、1940年代後期にチェコスロヴァキアとフランスから入手したドイツのIV号戦車J型の1両と、カナダのオッターから応急に作った装甲車といっしょに並んでいる。

上●ヴェトナム人民軍はヴェトナム戦争中に数多くのT-34/85を保有していたが、実戦での使用例はきわめて少ない。写真の奇妙な車両は、2門の中国製63式37mm対空砲を即席の砲塔に搭載した現地改造の対空自走砲であった(＊)。この自走砲は1972年のクアンチ(クアントリ)攻勢で、南ヴェトナム軍隊によって捕獲され、性能調査のためにアメリカに送られた。現在、メリーランド州のアバディーン兵器試験場内にある博物館に展示されている。(＊訳注：最近の調査によると、この自走砲は北ヴェトナム軍が現地改造したものではなく、中国によって造られたとされている)

右●イラク軍は1980年から88年までのイランとの戦争に使用した、数多くのT-34/85をいまだに保有している。1982年にバグダッド近郊で撮影されたこのT-34/85は、車長用ハッチが両開きの2枚なので、大戦中に生産された1944年型をベースとしたT-34/85 1969年型である。スターフィッシュ型転輪を装着しているが、車体後部の200リッター燃料ドラム缶の搭載架は装備していない。サンドの基本色の上にオリーヴドラブの帯状迷彩が施されている。

手と車長が砲塔の左側に、装填手が右側に、それぞれ位置していた。より効果的に乗員に命令できるように、無線通信機は車体右前部から砲塔内の車長の傍へと移動した。T-34/85の車内は光沢のある白色で塗装されていたが、多くの車内構成部品はその部品の仕上げ色のまま、つまりダークグリーンであったり、黒色であったり、未塗装であったりとさまざまであった。機関室内部の壁は一般にダークグリーンであったが、エンジンやラジエーターなど構成部品の多くは、光沢のある黒色か未塗装の金属地のままであった。

**E 図版E: T-34/85 1953年型(チェコスロヴァキア生産型)
シリア軍第44機甲旅団　ゴラン高原**

エイン・フィテ　1967年6月10日

エジプト軍と同様、シリア軍も1950年代中期にチェコスロヴァキアからT-34/85を大量購入した。これらの戦車は、独自の鋳造砲塔や前照灯のガード、車体の左後部にある歩兵部隊と車内の連絡用装置の張り出しといった、チェコスロヴァキア製T-34/85の特徴を備えていた。シリアの装甲車両は、当時のワルシャワ条約機構加盟各国が採用していた色と基本的には同じ、濃いオリーヴグリーンで塗装されていた。また、対空識別用マーキングとして、大きな白円を描いていた。シリア軍は1948年の対イスラエル戦争(訳注：第一次中東戦争)から、彼らの戦車に前面に過去の戦争の殉教者を意味する「アル・シャヒード」を書く習慣があっ

1978年、エチオピアとソマリアが戦ったオガデン紛争では、両軍がT-34/85を使っていた（＊）。写真のソマリア人技師たちは、エチオピアから捕獲したT-34/85 1969年型を、西ソマリア解放戦線に渡すために修理している。車体後部の燃料用ドラム缶の搭載架、夜間行軍用の赤外線暗視装置、燃料ポンプの収納箱など、このT-34/85は1969年型の特徴をすべて有している。砲塔は、前後に1個ずつのベンチレーターカバーが付いた戦後の合成砲塔である。（＊訳注：当初、エチオピア帝国は親米政権であったため、隣国ソマリアはソ連から援助を受けたが、1974年のエチオピア革命後にソ連の援助を受けるようになったので、どちらも、T-34/85を装備していた）

オガデンを巡り、エチオピアと戦闘の最中の1980年代にモガディシュで行われたパレードに参加するソマリア軍のT-34/85 1969年型の戦車縦隊。砲塔のマーキングは、淡い青の縁どりのなかに赤と黒の三角形を組み合わせた正方形に淡い青の縁どりをほどこし、その中心の淡青色の丸の上に白い星が描かれている。青丸の上に白い星の国籍マークは、車体前面の両側面に描かれている。

た。この塗装図の戦車も、砲塔の前方に「Al Shaheed Hormuz Yunis Butrus」と書いている。この他に、砲塔の両側面には、赤い三角形と色のついた帯が、戦術マーキングとして描かれている。帯の色はたしかでなく、この塗装図では赤色としたが、青色や緑色の可能性もある。シリア軍は部隊の識別用として、伝統的に幾何学模様を使っているが、システムの詳細については、著者はわからない。

図版F: T-34/85 1960年型（チェコスロヴァキア生産型）
レバノン内戦時のアル・ムラビツン・レバノン武装民兵組織

1978年のソマリア・エチオピア紛争時のソマリア軍のT-34/85 1969年型で、戦車兵がカメラマンのためにポーズをとっている。この戦車の砲塔側面マーキングは、赤と黒の三角形を合せた正方形だけで、青丸に白星の国籍マークはない。エチオピア側にソ連がてこ入れをし、キューバ軍の支援もあったため、ソマリア軍はエチオピアから撤退した。

アンゴラ政府軍（FAPLA）とアンゴラ派遣キューバ軍の両軍は、1980年代のナミビアにおける南アフリカ国防軍との戦闘で、T-34/85を使用した。写真は、南アフリカ国防軍に捕獲されたアンゴラ政府軍（FAPLA）のT-34/85 1969年型である。スターフィッシュ型転輪、操縦手用赤外線暗視装置、燃料ポンプの収納箱、車体側面のMDSh発煙筒（＊）装着架、車体後部の燃料用ドラム缶搭載架など、1969年型の特徴がすべて見受けられる。（訳注：MDSh発煙筒ではなく、BDSh発煙筒である）

ベイルート　1982年

このT-34/85は1980年代初めのベイルートでの激しい内戦中に、反シリア勢力であるレバノン武装民兵組織「アル・ムラビツン」が使用した1両で、ダークグリーンの基本色の上に、ミディアムブラウンを大ざっぱに塗った迷彩塗装を施している。砲塔側面には、白く縁どられた黒文字で武装民兵組織名を書いており、組織のリーダーの写真も貼っている。当時ベイルートでT-34/85を使用したのは、この組織だけではなかった。1981年3月にハンガリーから約60両のT-34/85を供給されたパレスチナ解放機構（PLO）が、当初は、他のいかなる組織よりも多数の戦車を保有していた。

図版G1: 122mm榴弾砲D-30を搭載するT-34の自走砲　シリア軍　ゴラン高原　第四次中東戦争　1973年

1960年代後期、シリアの兵器廠は、少数のT-34/85を自走榴弾砲へと改造した。まずT-34/85の砲塔を外し、そこに剥き出しのソ連製122mm榴弾砲D-30を搭載したのである。この改造には標準的なチェコスロヴァキア製T-34/85の車体が使われた。車体側面には5個の砲弾収納箱が追加装備され、車体前方に突き出すように搭載された榴弾砲のために小さなマウント部が設けられた。この自走榴弾砲はダークグリーンの基本色の上に、サンドとミディアムブラウンを斑点に塗るという、当時の標準的なシリア軍の迷彩塗装が施された。この自走砲は1973年の第四次中東戦争においてゴラン高原で実戦投入され、少なくとも1両がイスラエルに捕獲された。

図版G2: T-122　122mm自走榴弾砲　エジプト軍　1980年

アリュビヤハ行政区にあるエジプト軍のアブザーバル機械工業の第100工場は、1970年代後期に、すでに旧式となったT-34/85 1969年型を利用して、エジプト軍の砲兵部隊を機械化する計画に乗り出した。オリジナルの砲塔上面と後部の装甲板は切り捨てられ、残りの部分を囲むように、鋼板で大型砲塔を形作り、そこにソ連製の122mm榴弾砲D-30もしくは、1944年型100mm野砲BS-3という、異なる主砲を搭載した2種類の自走砲が完成した。D-30の搭載車はしばしば「T-34/122」、または「T-122」と呼ばれた。総生産数は不明だが、おそらく20両から30両であろう。この自走砲は明るいサンドの基本色の上に、ミディアムフィールドグレーの大きな迷彩模様がスプレーで塗装されていた。

◎訳者紹介

高田裕久(たかだひろひさ)
1959年10月生まれ。千葉県市川市出身。法政大学経済学部卒。専攻はソ連重工業史。
1983年より、千葉県市川市にて模型店「MAXIM」を経営。そのほかに模型開発の外注も行い、香港のドラゴンモデルのAFVキットのいくつかを手掛ける。最近は「GUM-KA」にて、世界水準の国産レジンキット開発を進める。
主な著作に『ソ連重戦車スターリン』(戦車マガジン社刊)、『BT/T-34戦車(1)』『第二次大戦のソ連軍用車両(上)(下)』(以上、デルタ出版刊)、『クビンカ フォトアルバムVOL.1』(CA-ROCK Press刊)など。訳書に『クビンカ戦車博物館コレクション』(モデルアート社刊)、『IS-2スターリン重戦車1944-1973』『T-34/76中戦車 1941-1945』『KV-1 & KV-2重戦車 1939-1945』(大日本絵画刊)がある。

「MAXIM」ホームページアドレス　http://www.ann.hi-ho.ne.jp/maxim/

オスプレイ・ミリタリー・シリーズ
世界の戦車イラストレイテッド 13
T-34/85中戦車 1944-1994

発行日	2002年2月9日　初版第1刷
著者	スティーヴン・ザロガ ジム・キニア
訳者	高田裕久
発行者	小川光二
発行所	株式会社大日本絵画 〒101-0054 東京都千代田区神田錦町1丁目7番地 電話:03-3294-7861　http://www.kaiga.co.jp
編集	株式会社アートボックス
装幀・デザイン	関口八重子
印刷/製本	大日本印刷株式会社

©1996 Osprey Publishing Limited
Printed in Japan
ISBN4-499-22768-2 C0076

T-34/85 MEDIUM TANK 1944-94
Steven Zaloga　Jim Kinnear

First published in Great Britain in 1996,
by Osprey Publishing Ltd, Elms Court,
Chapel Way, Botley,
Oxford, OX2 9LP. All rights reserved.
Japanese language translation
©2001 Dainippon Kaiga Co.,Ltd.